生态城乡与绿色建筑研究丛书
国家自然科学基金重点项目
湖北省学术著作出版专项资金资助项目
李保峰　主编
陈宏　副主编/刘小虎　执行主编

The Living Wall System and Building Energy Efficiency

植物活墙与建筑节能

陈秋瑜 李保峰　著

中国·武汉

图书在版编目(CIP)数据

植物活墙与建筑节能/陈秋瑜，李保峰著. —武汉：华中科技大学出版社，2019.5
(生态城乡与绿色建筑研究丛书)
ISBN 978-7-5680-4681-7

Ⅰ. ①植… Ⅱ. ①陈… ②李… Ⅲ. ①植物-应用-建筑-节能-研究 Ⅳ. ①TU111.4

中国版本图书馆 CIP 数据核字(2019)第 077333 号

植物活墙与建筑节能 陈秋瑜 李保峰 著

Zhiwu Huoqiang yu Jianzhu Jieneng

策划编辑：易彩萍
责任编辑：易彩萍
封面设计：王 娜
责任校对：曾 婷
责任监印：朱 玢
出版发行：华中科技大学出版社(中国·武汉) 电话：(027)81321913
武汉市东湖新技术开发区华工科技园 邮编：430223
录 排：华中科技大学惠友文印中心
印 刷：武汉市金港彩印有限公司
开 本：710mm×1000mm 1/16
印 张：13
字 数：195 千字
版 次：2019 年 5 月第 1 版第 1 次印刷
定 价：158.00 元

本书得到以下2个基金项目资助：

1. 城市形态与城市微气候耦合机理与控制(国家自然科学基金重点项目,项目批准号:51538004)；

2. 建筑活墙能效评估模型的理论建构与实测验证(国家自然科学基金青年科学基金项目,项目批准号:51708232)。

作者简介 | About the Authors

陈秋瑜

美国得克萨斯大学奥斯汀分校建筑学硕士，华中科技大学建筑学本科、博士，湖北省城镇化工程技术研究中心研究人员，现任教于华中科技大学。曾赴英国谢菲尔德大学景观系交流访问。研究方向为可持续性设计，主要关注健康建筑设计、垂直绿化生态效应模拟、材料及建造技术，在垂直绿化与建筑节能、建筑活墙的生态效益方面有长期的研究，并发表了SCI高被引论文。主持及参与国家基金项目3项。主持国家自然科学基金青年科学基金项目“建筑活墙能效评估模型的理论建构与实测验证”(51708232)。

李保峰

华南理工大学学士、华中理工大学(现华中科技大学)硕士、清华大学博士、德国慕尼黑工业大学高级访问学者。国家一级注册建筑师、享受中国国务院政府特殊津贴专家。目前担任华中科技大学建筑与城市规划学院教授、博导，华中科技大学建筑与城市规划设计研究院董事长，《新建筑》杂志社社长，《建筑师》杂志社编委，中国建筑学会理事，中国建筑学会资深会员，全国高等学校建筑学专业教育评估委员会委员。

前　言

植物活墙作为一种新型的垂直绿化技术，近年来得到了广泛关注和急速发展。不同于传统的攀缘植物绿化，植物活墙使用多样的植物和花卉，在美化建筑墙面的同时也改善墙面热工性能、提高建筑能效。然而，市场中植物活墙技术和实施方法参差不齐、缺乏技术指导和设计参考的现状，给植物活墙的发展带来较大阻碍。另一方面，学术领域还未得出关于植物活墙的热工指标或传热计算方法，现有的能耗分析软件无法计算植物活墙对建筑能耗的影响，给植物活墙的生态效益评估带来困难。植物本身是生命体，也是高效的太阳能收集器，会随外界环境变化调节自身能量收支水平。这是植物活墙特有的生命力的体现，也是其物理性质不定、热工性能难以估量的原因。

本书第一章首先提出，在城市化的进程中，发展城市立体绿化对城市整体绿化水平及生态环境的重要性。而现有的基于绿地率的城市绿化指标体系无法准确评估城市绿化水平及其生态效益。基于绿量率的指标体系则能更精确地表达城市绿化水平，垂直绿化是增加城市绿量率的有效途径。第二章对绿化的演变进行概述，将当代的垂直绿化分为九种类型，其中植物活墙为最重要的一种，也是未来城市绿化的发展趋势。然后对植物活墙的发展历史、当代行业现状进行概述，提出其投资成本高、维护难、缺乏技术标准、与节能评估体系脱节等问题。第三章运用类型学方法对植物活墙进行了全面的梳理：收集并整理植物活墙发展中出现过的重要设计理念，提炼出植物活墙的基本原型，再由此原型衍生出三大类型的植物活墙并总结其构造方法。第四章对植物活墙的生态效益进行评述，如降温增湿、调节风速、缓解雨洪、改善空气质量、促进城市生物多样性等。

本书第五章对植物活墙的热工性能进行探讨：建立了植物活墙的传热模型，对其能量活动进行分析，对太阳辐射、长波辐射、对流换热以及蒸腾作

用等分别进行计算;再对植物活墙和建筑墙体的一维非稳态导热微分方程进行求解,得出墙体内部温度的瞬时分布场;讨论了在外界气候环境变化的情况下,植物生命活动、基质水分变化带来的动态热工变化,提出了植物活墙的一系列动态热工指标。

本书第六章使用实验研究和模拟研究两种方法对植物活墙的热工性能进行定量分析:在实验中测量植物活墙对建筑墙体温度的影响,评估植物活墙在夏季和冬季对建筑的热工作用;再使用第五章建立的数值模型对植物活墙的传热过程进行模拟,用实验数据验证模型的精确性。

实验研究表明,模块式植物活墙在夏季对制冷和非制冷建筑物墙体均有显著的降温作用;在冬季对采暖建筑物墙体有显著的保温效果,对不采暖建筑物仅在夜晚的保温效果较好,在白天则有一定的消极影响。植物活墙与建筑之间的空气层是一个夏"凉"冬"暖"的微气候区,可起到良好的夏季隔热和冬季保温作用。在夏季,植物活墙与建筑墙体之间的空气层在封闭状态下的降温效果优于开敞状态下的降温效果;在30～600 mm范围内,植物活墙与建筑墙面的距离越小,植物活墙的降温效果越好。在本实验环境下,植物活墙在夏季可节约13%的建筑制冷能耗。

本书建立的植物活墙传热模型可计算不同植物、不同基质厚度、不同气候条件下的模块式植物活墙对建筑墙体传热量的影响。将实测数据和模拟数据进行对比发现,该数值模型可较精确地模拟植物活墙的真实传热情况。

"None of the weeds carpeting the seafloor, none of the branches bristling from the shrubbery, crept, or leaned, or stretched on a horizontal plane. They all rose right up toward the surface of the ocean. Every filament or ribbon, no matter how thin, stood ramrod straight. Fucus plants and creepers were growing in stiff perpendicular lines, governed by the density of the element that generated them. After I parted them with my hands, these otherwise motionless plants would shoot right back to their original positions. It was the regime of verticality."

"没有一根水草在海底交织蔓延,也没有一根树枝向外蔓延、弯曲或垂下,它们都笔直伸向海洋表面。所有枝条和叶带,不管多么细小,都像铁杆一般。海带和水藻坚定不移地沿着垂直线生长。被手拨开后,这些惯于静止的植物会立即弹回原来的笔直状态。这是垂直的国度。"

Jules Verne, *Twenty Thousand Leagues Under the Sea*

儒勒·凡尔纳,《海底两万里》

目　　录

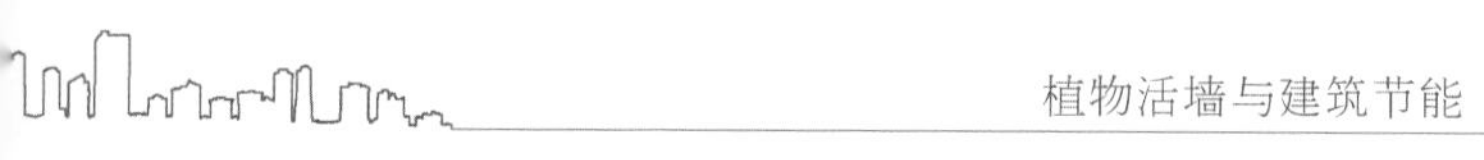

第一章　绪　　论

一、城市绿化与绿量指标

John Perlin 在他的论著《森林之旅：森林与人类文明的故事》[①]中指出，人类文明的发展总会直接或间接导致森林的破坏。若把森林的概念延伸到绿地(包括森林、农田、公园，景观绿地等)，情况更是如此。回顾文明发展的历史，不管是在乡村还是城市，人口越多，聚居规模越大，对自然资源占用就越大，对绿地的破坏也越大。中国古代建造体系以木结构为主，大规模的城市建设曾导致大面积的森林被砍伐。如公元前 212 年，秦始皇大建阿房宫，在四川砍伐了大量木材，所以杜牧在《阿房宫赋》中写到："蜀山兀，阿房出。"

在当代，我国城镇化快速推进，尤其是近十年城市规模不断扩大，规划不断修编，城市和自然之间的斗争似乎越演越烈。我国版图中森林的减少和土地荒漠化，与相邻国家大面积绿色森林覆盖的情况形成了鲜明的对比(图 1-1)。

现有的规划指标体系普遍使用绿地率来评估城市绿化水平与生态环境，如认为"城市中森林和绿地面积占到 30%以上才能有效改善生态环境质量，50%以上方为最佳居住环境；人均占有绿地面积 40 m^2 以上才能自动调节空气中二氧化碳和氧气的平衡"。我国城市的平均绿地率为 17%，只有 89 座城市达到 20%，不到全国城市总数的 15%；没有一座城市的绿地率达 50%。大多数城市人均占有绿地面积不足，如上海仅每人 0.7 m^2，即使在绿化较好的深圳和珠海，人均占有绿地面积也仅为 3 m^2 和 2 m^2，与发达国家的普遍水平(人均占有绿地面积 3～4 m^2)和先进水平(人均占有绿地面积 8 m^2)相差甚远。

---

① 英文原名为《*A Forest Journey*：*The Story of Wood and Civilization*》。

图 1-1　地球(美国国家航空和宇宙航行局公布)

(图片来源:www.nasa.gov)

然而,人均占有绿地面积、绿地率、绿化覆盖率等用来评估城市绿化水平与生态环境的指标存在层次单一、限定在二维空间等不足。台湾绿建筑标章《绿建筑解说与评估手册》[1]中以二氧化碳固定效果作为绿化量指标的统一换算单位,其中人工修剪草坪对二氧化碳的固定量为 0 kg/(m^2・40 年),而乔木和灌木分别可达 800 kg/(m^2・40 年)、400 kg/(m^2・40 年)。因此,如果城市大量使用单一的草坪绿地,虽可增加绿地率,但实际上却没有提升城市环境的生态功能。

以绿量率作为绿地指标更能准确反映城市绿化的生态效益、经济效益以及景观效益。许多学者呼吁把立体绿化纳入设计规范。刘滨谊、姜允芳提出以绿量率为代表的城市绿地系统指标体系,认为应从生态功能、生态过程、结构形态、经济效益、景观效益等角度对城市绿地进行评价。周坚华、孙天纵展开绿量的遥感模式研究,以平面量模拟立体量的方法测算了上海市全市的绿量。可以说,绿量率是更新城市绿化指标的趋势,这对于立体绿化,尤其是墙面绿化的推广意义重大。绿量是单位面积上绿色植物的总量,又称三维绿色生物量,是生长中的植物茎、叶所占空间面积的多少。在当今

① 见台湾绿建筑标章官网:http://gb.tabc.org.tw/modules/pages/green。

我国城市绿化亟须追求生态效益而又缺乏土地的背景下，应通过增加城市绿量来提高绿地生态功能水平。

二、垂直绿化的重要性

植物活墙作为一种崭新的垂直绿化技术，是增加城市绿量的高效途径。植物活墙把绿地从地面延伸到墙面，不减少其他建设用地，不需要拆迁。现代城市建筑立面面积是平面面积的4～10倍。除去开窗外，仍有大量面积可用作绿化，如果把这些用地价值折算成市场土地价格，不难发现植物活墙的集约性、高效性。植物活墙的植物生态种类多样，具有显著的生态效益。Francis R. A. 认为植物活墙具有显著的调和生态系统的潜力，可成为新的城市生态栖息地。墙面上的植物再次引入自然生态系统，可以重建城市生态系统中失去的平衡。Perini K. 也指出植物活墙可作为一种有效手段来恢复城市环境的完整性、生物多样性和可持续性。完善的植物活墙可以提升城市品质：在微观上调节气温、净化空气、降低噪声；在宏观上美化城市环境，提高绿视率，维持人与自然的平衡。城市和自然可能重归和谐。

植物活墙在近几年急速发展。根据国际绿色屋顶和绿墙项目数据库[①]提供的资料，在总共77个大型户外绿墙案例中，80%在2009年后建成。植物活墙能给人们带来更丰富、强烈的视觉冲击，且易安装和管理，适用于大部分墙面，迅速发展成为当今垂直绿化技术的首选，也是未来绿化发展的主流方向。ANS公司[②]在对未来城市的构想中就提出了使用植物活墙改造城市建筑立面的理念（图1-2）。

三、植物活墙行业现状

尽管植物活墙受到欢迎，但由于技术新、发展时间短，在当今市场中的发展依然面临着众多的难题，如投资成本高、使用年限短、维护费用高、易死亡、缺乏技术标准、与节能评估脱节等。

---

① greenroofs.com是国际绿色屋顶和绿墙产业资源和在线信息门户。

② ANS是欧洲研究植物活墙技术的大公司，专注于墙壁和屋顶绿化。

图 1-2　未来城市的绿化构想

（图片来源：ANS 公司，https://www.ansgroupglobal.com）

（一）投资成本高

植物活墙成本高是投资者对植物活墙建设态度迟疑的主要原因。不仅是植物活墙，任何一种垂直绿化技术都会遇到成本过高的问题。植物活墙的造价按面积大小、施工难度和构造结构的不同差异较大，为 1000～3000 元/m^2[①]；攀缘绿化的成本为 400～800 元/m^2[②]。绿化项目通常都不能直接带来货币价值，会被业主当成额外的“环境税”，因而需谨慎采用。

（二）使用年限短、维护费用高、易死亡

从使用方来说，植物活墙的使用年限较短：种植毯式植物活墙平均使用周期为 10 年，模块式植物活墙平均使用周期为 15 年。而且在使用过程中的管理费用高，涉及滴灌系统、构造系统、植物更换等。如果管理不当，非常容易造成植物活墙的景观效果失败或植物完全死亡。

德国巴特洪内夫的市政厅因每年 1.4 万欧元的高额维护费而不得不拆除了其外墙面植物活墙。2006 年，英国伊灵斯顿天堂公园儿童中心

---

① 数据来源：http://hb.winshang.com/news-156026.html。

② 数据来源：《北京市垂直绿化建设和养护质量要求及投资测算》。

(Paradise Park Children's Centre)花费10万欧元打造的立面植物活墙是伦敦的第一面植物活墙,但因滴灌系统失灵,墙面植物全部枯死(图1-3)。美国研究者George Irwin总结了两种植物活墙案例失败的原因:①材料失效;②植物死亡(a.文化原因;b.生理疾病、老死)。

图1-3 伦敦伊灵斯顿天堂公园儿童中心的植物活墙,建造初期和后期枯死场景对比

(图片来源:www.jetsongreen.com/2009/09/learning-from-a-dead-living-wall.html)

绝大多数项目一开始就经费不足，为了造价便宜，选择不恰当的建造方案会导致建成后的景观效果大不如意，再加上疏于维护，通常几年后就破败不堪。绿化公司 GSky[①] 把植物活墙建造过程分成 6 个阶段：规划设计、植物选择、模块培养、现场安装、后期维护、电脑监控。植物活墙建成之后的维护和监控是两个经常被忽略的重要阶段。德国科隆在 20 世纪 80 年代提供了相当多的对攀缘植物绿化墙面建设的补贴，补贴停止后，留下了很多破烂失败的绿化。

(三) 缺乏技术标准

在植物活墙行业中还没有植物活墙技术标准。传统的攀缘绿化技术已有其专门的标准：由德国景观发展和景观研究协会(FLL)制定的《墙体绿化导则——攀缘植物设计、施工和维护》，是全世界第一部关于攀缘绿化的设计导则[②]。它与建筑法规联系紧密，指导作用强。

2008 年伦敦出版的《活屋顶和植物活墙》(*Living Roofs and Walls*)，总结了植物活墙的生态效益和实施屏障，认为支持政策和技术标准是当前最重要的目标。

美国材料与试验协会[③]提供的北美地区的 ASTM 标准，在美国和加拿大通行。这个标准提供了绿化屋顶材料的选择和测试指标。虽然 ASTM 目前还没有专门的垂直绿化的导则，但其中关于植物、泥土、承重等内容常被其他国家参考。

2013 年澳大利亚制定的《绿色屋顶、绿化墙体和绿化表面导则》中对植物活墙的建造技术进行了简单介绍[④]，如结构、防水、灌溉、植物营养、光照等，此导则参考了德国的 FLL 导则、美国 ASTM 标准。

中国一些城市出台了地方级的垂直绿化技术规范，如《城市垂直绿化技

---

① 参见 http://gsky.com/。

② 德文：Richtlinie zur Planung, Ausführung und Pflege von Fassadenbegrünungen mit Kletterpflanzen，参见 www.fll.de。

③ American Society for Testing and Materials，简称 ASTM，成立于 1898 年，其前身是国际材料试验协会 International Association for Testing Materials，IATM。

④ The Growing Green Guide: A Guide to Green Roofs, Walls and Facades in Melbourne and Victoria，http://www.growinggreenguide.org/。

术规范》(DBJ/T 13—124—2010)、《城市绿化工程施工及验收规范》(CJJ/T 82—99)、《上海市垂直绿化技术规程》(DBJ 08—75—98)、《立体绿化技术规程》(DG/TJ 08—75—2014)、《济南市垂直绿化技术规范》(DB3701/T 79—2005)以及《北京市垂直绿化建设和养护质量要求及投资测算》等。这些规范从设计、施工、养护管理、工程费用等方面对以攀缘绿化为主的垂直绿化方式进行了简单的规范和指导,未对植物活墙等其他垂直绿化方式进行技术指引。

目前世界各国均缺乏关于植物活墙的全面完善的技术规范,这主要是由于植物活墙出现晚、发展时间短,且缺乏大量科学研究作为其规范的学术基础。植物活墙在市场应用中除了满足少量已有规范外,只能靠设计方、施工方提供品质的保证,这给植物活墙的发展带来了较大的阻力。植物活墙专业领域需要大量科学研究来填补空白,形成对植物活墙的设计、实施、管理、监控等阶段的详细技术指导。

另外,在政府和公众的角度,则需要逐渐更新对植物活墙的观念,认识到植物活墙是城市绿色基础设施的一部分,其众多的生态效益有利于城市的可持续发展;尝试鼓励植物活墙和其他垂直绿化技术的实施。

(四)与节能评估脱节

植物活墙的价值不仅仅局限于其景观效果,还应体现在植物活墙的众多生态功能上,如改善建筑围护结构的热工性能、降低城市热岛效应、增强生物多样性、减缓空气和噪声污染、蓄涵雨水、供应农业食品等。然而,目前的研究领域对这些植物活墙生态功能的科学定量研究较少,导致难以科学地计算植物活墙的生态效益。植物活墙的生态价值得不到体现,直接造成了植物活墙与绿色建筑评估体系脱节,进一步给植物活墙的推广带来了明显的障碍。

绿色建筑评估体系是用于量化评估建筑物实现可持续发展程度的评价系统。世界各国都推出了各自的绿色建筑评价体系,如美国的 LEED 绿色建筑认证标准、英国的建筑研究所环境评价法(BREEAM)、加拿大的绿色建筑工具(GBTOOL)、日本的建筑物综合环境性能评价体系(CASBEE)、澳大利亚的 NABERS、法国的 HQE、德国的 DGNB、中国的绿色建筑评价标准等。绿色建筑评估体系不仅指导绿色建筑实践,同时也为建筑市场提供制约和规范，促使在设计、运行、管理和维护过程中更多考虑环境因素，引导建筑向节能、环保、健康舒适的目标发展。

绿色建筑评估体系的评分体系多建立在计算机模拟的结果上。例如，美国绿色建筑评估体系《LEED v4 建筑设计与施工》评分标准①有如下规定。

(1)“能源和大气”类别下关于能效优化的强制条款。

“在必要标准要求的建筑能效基准之上，进一步提高能源效能，以减轻过度用能对环境和经济方面的影响。可行的措施包括：建筑围护结构和系统的设计能使能效最大化，采用计算机模拟确定最有效的节能措施”。

(2)“可持续场址”类别下关于雨洪控制的强制条款。

“利用低影响发展方法和绿色基础设施来控制建设场地上的雨水冲刷量，使用美国环境保护局提供的日降雨量数据和计算方法。计算方法见美国环境保护局《能源独立和安全法案》第 438 条对联邦项目实施雨水径流的技术导则。”

然而目前还没有科学研究确定植物活墙的热工指标，也没有开发出成熟的计算软件对植物活墙的能效进行模拟。同样，《能源独立和安全法案》第 438 条对联邦项目实施雨水径流的技术导则仅给出了绿化屋顶的蓄水量指标，缺乏植物活墙的计算数据。与美国 LEED 绿色建筑认证标准类似，其他各国的绿色建筑认证标准的节能、雨洪控制等条款的计算说明中，也都缺乏针对植物活墙或其他类型垂直绿化的评估方法。

个别国家的绿色建筑评估体系对垂直绿化(包括植物活墙及其他垂直绿化技术)提供了少量的选择性加分。

(1) 新加坡《BCA 绿色标记新建筑(非住宅)》(2015)认证标准。

“气候适应设计”的 1.03a 条：“在东、西向墙面上安装的垂直绿化，超过 15%可安装面积时可以获得 0.5 分；超过 30%可安装面积时可以获得 1 分。”

(2) 中国《绿色建筑评价标准》(GB/T 50378—2014)。

---

① LEED 评分标准是美国绿色建筑委员会(USGBC)颁布的绿色建筑分级评估体系，由五大系统组成：选址与建筑环境、节水、能源和大气污染、材料和资源、室内环境质量。分为“通过、银奖、金奖、白金奖”四个等级。LEED 是目前国际上商业化运作模式最成熟的绿色建筑分级评估体系。

"节地与室外环境"的 4.2.15 条："①种植适应当地气候和土壤条件的植物，采用乔、灌、草结合的复层绿化，种植区域覆土深度和排水能力满足植物生长需求，得 3 分；②居住建筑绿地配植乔木不少于 3 株/100 m^2，公共建筑采用垂直绿化、屋顶绿化等方式，得 3 分。"

这样的条款虽对垂直绿化作出了一定鼓励，但还是低估了垂直绿化（尤其是植物活墙）的生态价值。

植物活墙与绿色建筑评估体系脱节，归根结底是因为缺乏可靠的技术指标或计算方法来定义植物活墙的生态能力（如热工性能、蓄水能力、空气净化能力）。植物活墙的研究领域亟须针对其各种物理特性的定量研究。本书研究内容中极其重要的一部分，便是对植物活墙传热性能的计算模拟研究。

四、植物活墙研究意义

在世界上还没有专门的技术规范针对植物活墙进行全面详细的技术指导，因此植物活墙行业的技术水平参差不齐。设计方案不合理、后期维护不当等问题经常导致植物活墙质量难以保证，甚至失败死亡的例子。要提供经得住考验的植物活墙，需对设计、施工、后期维护等阶段严格把关，这需要有专业的行业技术标准来指导。本书对植物活墙类型的研究，可以补充关于植物活墙构造的研究空白，是形成植物活墙技术标准的部分理论基础。另一方面，植物活墙的构造也影响其热工属性，植物的种类、基质的材料与厚度、灌溉水量等都影响植物活墙的传热过程。若能将植物活墙的构造方式与其热工属性建立起对应关系，设计师即可有针对性地设计植物活墙，提高其节能效率。

目前关于植物活墙热工属性的研究，多数均处于发现和描述植物活墙保温隔热能力的阶段，对如何计算和模拟植物活墙传热的研究较少。在缺乏植物活墙的热工指标的情况下，现有的能耗分析软件无法计算植物活墙对建筑的节能作用，给植物活墙的生态效益评估带来困难，世界各国的绿色建筑认证标准都无法给予植物活墙更多的认可。

然而植物活墙的热工属性不像稳定的建筑材料可以进行精确定义。植

物活墙替建筑墙体遮挡太阳辐射，通过植物蒸腾作用降低环境温度，调节建筑热环境。由于植物活墙包括植物（生命体）、多孔介质和水分，其状态会随环境因素的改变而发生大幅度的变化，例如植物叶片可随外界光照强度、温度、湿度和风速自动调节蒸腾速度。因此，植物活墙的热工指标是不稳定和难以量化的，而在理解植物活墙传热特点的基础上对其传热过程作出模拟，才是评估植物活墙能否节约能源的有效手段。

本书建立了可模拟不同构造、植物、环境、地理位置的植物活墙的传热模型。该模型可在建筑设计初期预测植物活墙的节能效率，优化植物活墙与建筑墙体的热工设计，达到整体节能的目标；该模型也可在规划阶段对植物活墙的生态效益进行准确的评估；若与建筑能耗评估软件结合使用，该模型可测算植物活墙对节能的贡献，为植物活墙在建筑节能中的应用提供有力的支持。

第二章 植物活墙是什么？

一、概念定义

“植物活墙”是一种新型的垂直绿化技术，使用草本植物或小型木本植物来绿化墙面，如法国巴黎凯布朗利博物馆、美国加州海湾草地游客中心的外墙面植物活墙（图 2-1、图 2-2）。与传统型垂直绿化（如常青藤或爬山虎）不同，植物活墙使用模块式结构将植物连同其生长基质一起竖向铺贴于墙面。有了竖向的“土地”，植物活墙可选用的植物种类多达上千种，景观效果更好，且不受高度的限制。

图 2-1 法国巴黎凯布朗利博物馆

（图片来源：murvegetalpatrickblanc. com）

图 2-2 美国加州海湾草地游客中心

（图片来源：www. habitathorticulture. com/）

Dunnett N 将植物活墙定义为："植物在模块化种植容器中生长，种植容器垂直悬挂于墙面上形成拼贴的效果，与墙面用防水层隔开，由滴灌系统向容器内补充水分及营养，可建于室内或室外；或使植物直接扎根于墙体内部与之成为一体。"英文文献对其命名为"Living Wall System"。本书作者采用"植物活墙"作为它的中文命名，其含义如下。

1. "活"—— 活力、生命力

鲜活的植物是高效的太阳能收集器，构成了维持地球上大多数生命的食物链的起点，是活力、生命力的表现(图 2-3)。

2. "活"—— 活动性

"活"代表可移动、可更换、可装配，是植物活墙模块化结构的重要特点(图 2-4)。这些特点使植物活墙有别于传统的使用攀缘植物进行墙面绿化的方式。

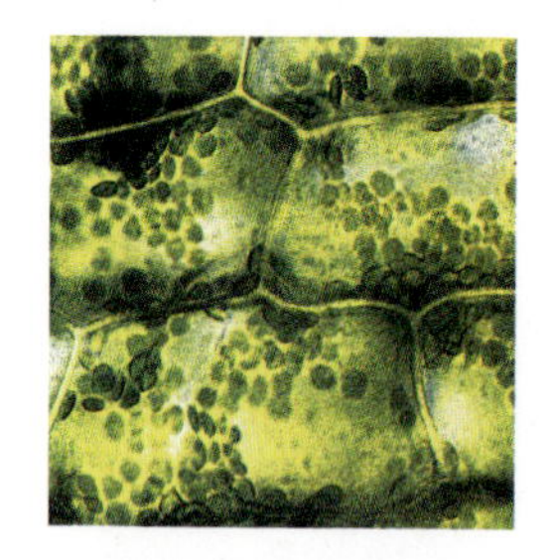

图 2-3 植物细胞

(图片来源：《建筑与太阳能》)

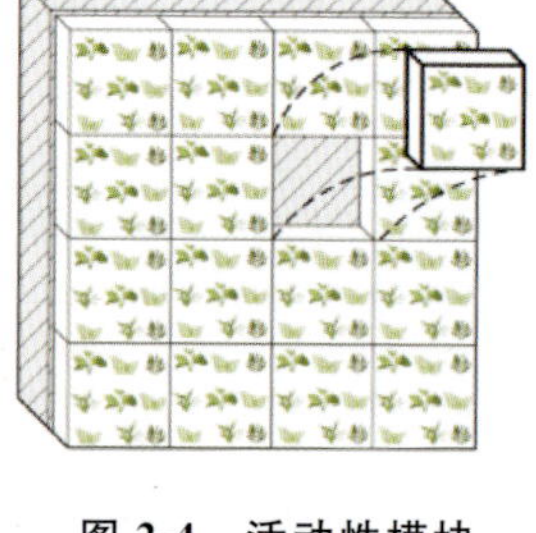

图 2-4 活动性模块

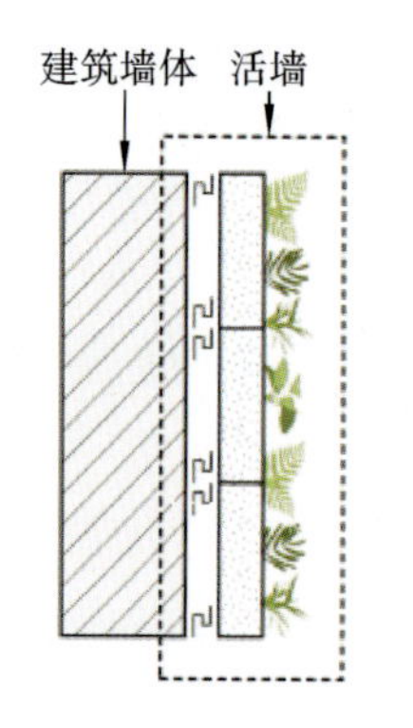

图 2-5 植物活墙形成实体墙面

3. "墙"——竖向实体构件

植物活墙的植物、种植基质，以及种植盒(或种植毯)叠加起来，本身就构成了不透光的墙体(图 2-5)。这与仅使用攀缘植物而本身并非墙体的绿化技术在概念上有明显的区别。

综上，"植物活墙"一词可较好地体现其具有生命活力及构造灵活的特点，并能在概念上区别于其他垂直绿化方式。

二、历史上的垂直绿化

我国大汶口出土的陶片上发现了早期花盆的雏形，距今 5000 余年前的祖先们已会使用容器人工栽培花卉，意味着可以在高处种植绿化植物，这是立体绿化的雏形。公元前 2000 年左右，幼发拉底河下游的乌尔城内，苏美尔人曾建造了雄伟的亚述古庙塔，其三层台面上有种植过大树的痕迹，此塔被后人称为立体绿化的发源地(图 2-6)。

图 2-6　亚述古庙塔

(图片来源：mesopotamiadiv1. wikispaces. com)

有文字可考的立体绿化历史始于世界七大奇迹之一的古巴比伦空中花园(图 2-7)。花园由层层平台组成，平台被高耸的柱子支撑，上面种植了来自异国他乡的奇花异草，并设有灌溉系统，由奴隶使用链泵将水运到最高一层的储水池，再通过水槽流到花园中进行灌溉。空中花园存在于前哥伦比亚时期的墨西哥、16—17 世纪的印度和一些墨西哥的西班牙式房屋中。在 17 世纪，俄国的城堡也盛行建造空中花园。

早期的垂直绿化以攀缘植物为主，而且分布广泛，但因为太过常见，要确定其出现的精确时间节点很难。在公元前 17 世纪埃及法老墓中关于酿酒的壁画(图 2-8)里就出现了攀缘植物的应用。我国春秋时期，公元前 514 年建立苏州城墙时，用藤本植物对城墙进行了绿化。唐代李白诗中所记载的

图 2-7　古巴比伦空中花园(16 世纪荷兰艺术家 Maarten van Heemskerck 绘)

(图片来源:ancientworldwonders. com)

田园风光:“相携及田家,童稚开荆扉。绿竹入幽径,青萝拂行衣”,乡村人家院内的青萝就是攀缘类植物。

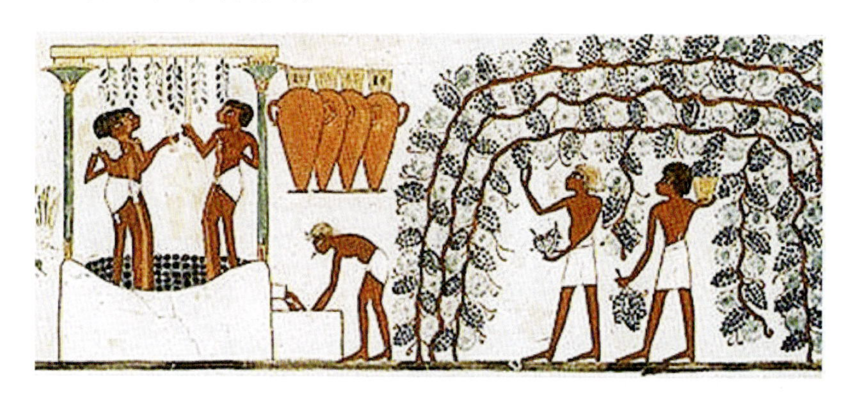

图 2-8　公元前 17 世纪埃及法老的墓穴壁画

(图片来源:Norman de Garis Davies,Nina Davies)

公元前 6 世纪,意大利古都庞贝古城的店主就在阳台上种植藤蔓。公元前 4 世纪,生活在地中海沿岸的罗马人把葡萄藤栽种在花园的棚架以及别墅的外墙上,爬满藤蔓、玫瑰和迷迭香的庄园和城堡成为这一时期秘密花园的重要象征。植物不仅遮阳,产出的水果还具有经济价值。古罗马人在奥古斯都陵墓和圣安杰洛城堡的顶部种植了树木。维京人使用草坪保护墙壁免受风雨侵蚀。古罗马学者老普林尼(Pliny)在公元 77 年完成的著作《博物志》[①]中用图画展示了葡萄藤下的院落空间(图 2-9)。古埃及的庭院、古希腊的园林都被葡萄、蔷薇和常春藤等布置成绿廊。五百多年前,在中欧,藤本植物是城堡和村庄普遍使用的攀爬植物。这在多本园艺著作中均有记载,如 1577 年,托马斯·系尔(Thomas Hill)在《园丁的迷宫》[②]一书的首页即展示了人们在院落中建造爬满藤蔓的凉亭(图 2-10)。

图 2-9　藤下的院落

(图片来源:《博物志》)

图 2-10　爬满藤蔓的凉亭

(图片来源:《园丁的迷宫》)

① 《博物志》,又译《自然史》,西方古代百科全书的代表。全书共 37 卷,分为 2500 个章节,引用了 327 位古希腊作者和 146 位古罗马作者的 2000 多部著作。

② 《园丁的迷宫》(*The Gardener's Labyrinth*)是第一本英文的园艺手册。这本书提供了许多园艺活动的指导,如建构棚架凉亭、铺设路径、干燥花草、存储根系、移栽、除草和浇水等。

值得一提的是，1631 年，计成在《园冶》中提倡“围墙隐于萝间”，已经从造园理论上把攀缘垂直绿化归纳成为成熟的造景手法。这是理论高度的进步。

图 2-11　墙面贴植

（图片来源：thumbs. dreamstime. com）

起源于罗马的别墅和花园的墙面贴植使用人工技术“训练”乔木贴着墙壁横向生长（图 2-11）。16 世纪，欧洲人采用此技术在寒冷气候中培育果树，使之吸收墙面反射的阳光和热量以提升产量。今天，墙面贴植多用来装饰花园和墙面，各种各样的树木都可接受人工“培训”进行水平方向的生长，在小空间里提供新的设计可能性。

绿化与建筑结合的构造在 17 世纪建造的凡尔赛宫中出现：Marie Leczinska 王后在凡尔赛宫的阳台内种植了绿色植物（图 2-12）。阳台宽度为 3 英尺（914 mm），种植格箱宽度为 18 英寸（457 mm），格栅面板的高度为 7 英尺 10 英寸（2388 mm）。

图 2-12　凡尔赛宫 Marie Leczinska 王后公寓的阳台剖面和立面

（图片来源：www. connaissancesdeversailles. org/t5415p30-exposition-a-varsovie-le-versailles-de-marie-leszczy324ska）

18 至 19 世纪，藤本植物绿化的应用在欧洲达到了高峰，凡是今日可见的多年生攀缘植物品种当时均有人培养种植（图 2-13、图 2-14）。19 至 20 世

纪，兴起于英国和美国的花园城市运动提倡住宅与花园的融合，其中就充分利用藤架、格子结构以及攀爬植物等元素。

图 2-13　法国大特里亚农宫室内棚架(1762—1768 年)

(图片来源：*Vertical Gardens：Bringing the City to Life*)

图 2-14　法国景观师 J. C. Nicolas Forestier 设计的意大利凉亭(1920 年)

(图片来源：*Vertical Gardens：Bringing the City to Life*)

三、植物活墙的出现与发展

到了现代，垂直绿化随着城市规划和建筑工程迅速发展。飞速发展的城市给绿化带来更多的困难和挑战，植物活墙技术也应运而生。

（一）植物活墙的最初形成

具有建构意义的植物活墙最早由美国伊利诺伊大学景观学的怀特教授(Stanley Hart White)发明。他于1938年申请获得专利“植被承载体系结构和系统”(Vegetation Bearing Architectonic Structure and System)，其中描述了他的“植物砖”设计(图2-15)：“植物砖使用网状材料放置植物所需的营养基质，植物根系深入基质，叶片覆盖网状材料表面，再用结构构件支撑这个体系。便携式和可替换的网状单元可以控制最终墙体的形状和尺度，其

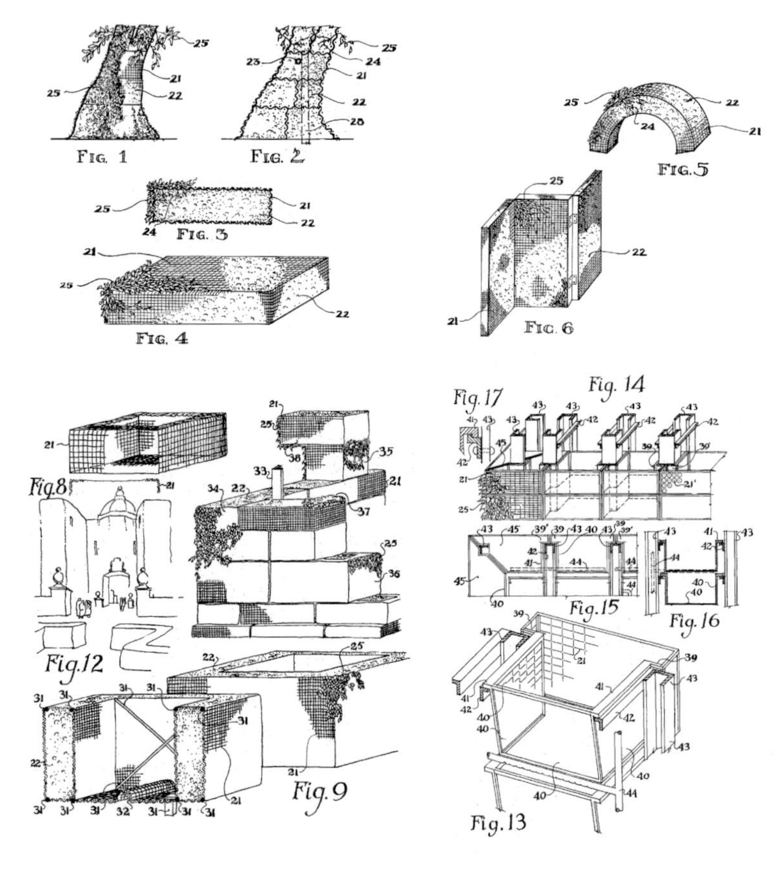

图 2-15　怀特教授“植物砖”设计

（图片来源：“植被承载体系结构和系统”专利文件）

材质可为金属网、防锈金属穿孔板、塑料穿孔板，或各种其他防水和易穿孔材料。生长基质可为各种轻质的合成堆肥和合成营养物质”。尽管“植物砖”的概念比较粗略，也没有设计浇灌系统，但它提出了一种新的建造方法来生产任意结构、大小、形状或高度的覆满植物的构筑物。这个发明在申请专利时是完全崭新的构想，并没有引用已有技术。怀特教授认为这个体系可允许存在自由的平面或在垂直维度上造园，是现代园林设计的解决方案。

在怀特教授之后陆续出现了类似的设计，其中最具影响力的是威廉·马修·麦克弗森(William Mathew Macpherson)和埃尔默·霍文顿·盖茨(Elmer Hovenden Gates)提出的两套系统方案。麦克弗森在1938年提出“植被承载多孔体系结构系统”(Vegetation Bearing Cellular Structure and System)，使用槽板或长片状材料形成一个整体连续的细胞结构，每一个单元由网状材料覆盖表面，内部装有营养介质，使植根在其中生长。顶部有水管进行浇灌，槽板上的缝隙可向下面的单元渗透水和营养液(图2-16)。

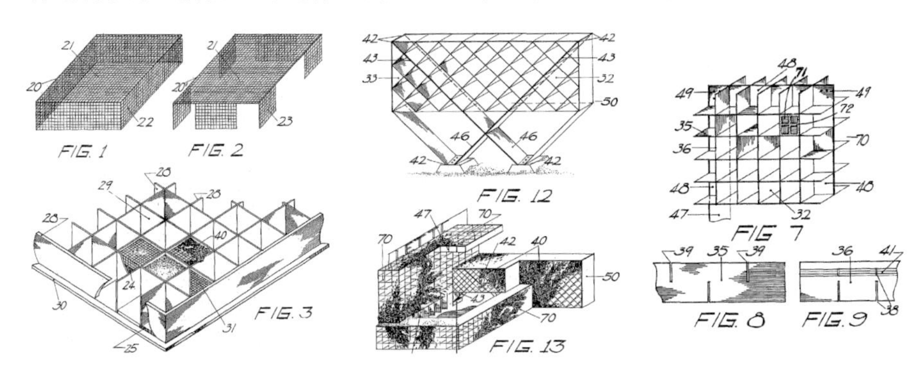

图 2-16　麦克弗森的设计

(图片来源：“植被承载多孔体系结构系统”专利文件)

盖茨1942年提出“植物承载和展示系统”(Vegetation Bearing Display Surface and System)的设计。这套系统使用尺寸为10英寸(254 mm)见方的种植容器，材料可为柏木、红杉木、合金钢、金属板、塑料板或纤维板。容器中装有生长介质，表面由网状材料覆盖。这个设计适用于在室内和户外展示植被，目的是提供一个可以快速、经济地安装和拆除的植被展示结构。模块化的结构还可以迅速重组成不同的设计和形状(图2-17)。这个设计可

看成是现代模块式植物活墙的雏形。

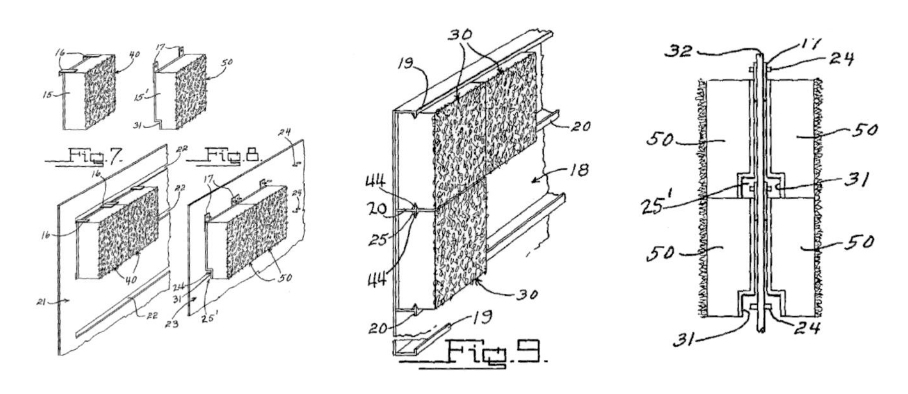

图 2-17 盖茨的设计

（图片来源："植物承载和展示系统"专利文件）

法国国家科学研究院研究员、植物学家帕特里克·布朗克（Patrick Blanc）是当今著名的植物活墙专家，可谓垂直花园的第一人。他在 1988 年提出了"垂直花园"的构想，称其作品为"Mur végétal"（植物墙），凭借自己对多种植物的了解，让形状多样的小型乔木、灌木、花朵、绿叶、蕨类植物、草本植物和苔藓组合起来，像油画颜料一样涂抹于建筑表面上，带来强烈的艺术冲击。帕特里克研究热带植物时发现，在热带雨林里的峭壁、悬崖或岩石上生长的植物不需要土壤，仅依附在地衣苔藓类上便能存活。他由此设想，在缺乏土壤的垂直立面上，只要供应水源和养分也能让植物存活。帕特里克的植物墙使用金属结构框架，10 mm 厚 PVC 防水层，上钉两层 3 mm 厚毛毡层，模仿自然界中的悬崖和苔藓来支撑植栽花草的根茎；然后用一套自动定时的管道系统进行浇灌，水分及营养液随重力作用浸透毛毡层，满足植物的生长需要。多余的水在墙底的排水沟收集，再回收至管道系统里。植物如果在室内就必须加上特别的光线设备，满足其对光照的需要。

植物墙浓烈的油画风格迅速赢得了人们的喜爱，帕特里克和多位知名建筑师合作完成了多个大型植物墙项目，其代表作品有让·努维尔设计的法国巴黎凯布朗利博物馆，以及赫尔佐格和德梅隆设计的马德里当代艺术博物馆（图 2-18、图 2-19）。

图 2-18　巴黎凯布朗利博物馆

(图片来源:www. verticalgardenpatrickblanc. com)

图 2-19　马德里当代艺术博物馆

(图片来源:www. verticalgardenpatrickblanc. com)

帕特里克的植物墙设计比怀特教授的发明晚出现 50 年,但是帕特里克的设计在植物选择、维护管理和安装难易程度等方面大大提高了可操作性和公众接受度，为植物活墙的推广和发展铺平了道路。

（二）植物活墙在世界各国的发展

1. 英国

英国对鼓励植物活墙的发展态度明显。伦敦市2015年修编的总体规划在第五章“伦敦应对气候变化”政策5.10“城市绿化”中声明“城市绿化是适应气候变化的关键因素，鼓励使用植树、绿色屋顶，以及绿化墙面等措施”；在政策5.11“绿色屋顶发展”中声明“大型的建设项目应包括绿化屋顶、绿化墙面与场地种植”；在政策7.19“生物多样性与自然接触”和政策7.22“农业用地”中均鼓励使用绿化墙面。

英国国家电网总部停车场安装的植物活墙面积1027 m^2，是欧洲最大的植物活墙，由Treebox公司设计并建造。伦敦维多利亚火车站附近Rubens宾馆的植物活墙是伦敦市最大的植物活墙，除了绿化景观视觉功能还兼具防洪作用，这种非常有创意的技术得到伦敦市长的支持[①]。伦敦也因此建造了很多植物活墙。2015年7月，格林威治大学在伦敦主办了“植物活墙和生态系统服务国际会议”[②]，在伦敦市区选择了25个植物活墙项目供与会者参观。可见伦敦市植物活墙的发展相当活跃。

英国绿色建筑委员会（UKGBC）在历年的调查报告中都会把植物活墙作为示范案例列出，起到了很大的引导作用。2009年的UKGBC调查报告中列出伦敦Westfield购物中心的案例，其植物活墙上野花盛开，是一个促进良好生物多样性的典范。2015年2月，UKGBC的报告《揭秘绿色基础设施》[③]衡量了绿色基础设施的经济、社会和环境价值，列举了18个示范案例强调绿色基础设施的保护或提升，其中植物活墙案例是伯明翰新街道火车站入口处的植物活墙。报告指出它不仅兼具美学价值和生态价值，还是一个公众喜爱的场所（图2-20）。绿色基础设施（GI）也是英国国家规划政策框

---

① 参见《每日邮报》报道，http://www.dailymail.co.uk/sciencetech/article-2398398。

② 会议英文名：International Conference on Living Walls and Ecosystem Services. 会议网站：https://greenwich2015conference.wordpress.com/。

③ 报告英文名：Demystifying Green Infrastructure，见英国绿色建筑委员会网站：http://www.ukgbc.org/sites/default/files/Demystifying%20Green%20Infrastructure%20report%20FINAL.pdf。

架的一部分,响应英国自然环境白皮书建设生态网络的愿望。一些城镇已经在积极建设绿色基础设施,在布莱顿 Madeira 路海滨更新景观中,1.2 km 的绿墙被定为 2013 年当地野生动植物保护点,这在英国城市植物活墙中是唯一的一个。

此外,英国有专门的绿墙协会(即 UK Green Wall Association)[①]和很多专注于植物活墙的绿化公司,如 Treebox、ANS、Biotecture 等。一些研究机构还在持续推进创新绿化技术的研究。2013 年,英国公司 ARUP 进行了一项太阳能树叶实验(图 2-21),在外玻璃上培养微藻,可以完全和建筑立面整合,形成有生态活跃性的立面。

图 2-20　伯明翰新街道火车站入口

(图片来源:www.newstreetnewstart.co.uk)

图 2-21　太阳能树叶实验

(图片来源:https://greenwich2015conference.wordpress.com)

2. 美国

美国的现代植物活墙的建造和研究非常活跃。美国绿色屋顶协会建立了北美最大的绿色屋顶和绿墙行业门户网站"Greenroofs.com"。网址提供

① 英国绿墙协会网站:http://www.urbangreening.info/。

了植物活墙项目的检索数据库，美国 2007 年至今至少有 42 个植物活墙项目，共计 3200 m^2 以上①。有代表性的植物活墙项目有：亚拉巴马州伯明翰的 Shuttlesworth 国际机场植物活墙，获得国际植物景观大奖②(图 2-22)；宾夕法尼亚州长木花园 East Conservatory Plaza 的 4000 平方英尺(371.6 m^2)的植物活墙，于 2010 年竣工，是北美最大的植物活墙；LiveWall 公司的植物活墙项目“回到伊甸园”，作为 2013 年在密歇根州大急流城(Grand Rapids)举办的盛大的公众艺术节——ArtPrize 活动③的标志性入口，有非常大的社会影响力(图 2-23)。

图 2-22　伯明翰 Shuttlesworth 国际机场植物活墙

(图片来源：www.foliagedesignbirmingham.com)

① 数据来源：Greenroofs.com 的检索数据库，但不排除有些项目没有记载。

② 大赛由 I-Plants 公司、《城市园艺杂志》和 Emerald 奖共同主办。植物活墙由 Foliage Design 公司设计，加拿大植物活墙公司 Green Over Grey 建造。

③ ArtPrize 是一项规模盛大的公众艺术活动，被《时代》杂志称作 2013 年不该错过的 5 个节日活动之一，为期 19 天，大奖是 20 万美金。http://www.greenroofs.com/projects/pview.php? id=1561。

图 2-23 ArtPrize 活动的标志性植物活墙入口

(图片来源:www.agreenroof.com)

美国健康城市绿色屋顶协会(Green Roofs for Healthy Cities)[①]设立了"绿色屋顶和绿色墙体卓越奖"[②],从 2003 年开始给绿色屋顶和绿色墙面评奖。有众多植物活墙获得过此奖项,如 2010 年皇家植物园项目(Royal Botanical Gardens)、2014 年 Drex 大学的 Corus Quay 项目,以及 2015 年社会科学大厦项目(Social Sciences Building),都是 NEDLAW 公司和 Diamond Schmitt 建筑事务所合作完成的植物活墙。

关于植物活墙的教育也非常受重视,安装在 Shady Shores、Josiah Quincy 小学的植物活墙,供小学生环境课使用。此外,多数植物活墙公司网站也提供植物活墙的教学资料。

3. 德国

德国的植物活墙体现了德国人对技术的精确控制及其体系的严谨和细致,例如 Hans Müller 的 Helix 植物活墙系统。但德国的植物活墙技术不如传统的攀缘绿化技术发达。攀缘绿化在德国从 20 世纪 80 年代就开始流行。由于政府的奖励措施,柏林在 1983 年到 1997 年间安装了 245584 m^2 的垂直绿化设施。在目前世界上"建筑物大面积植被化"的技术成果和科研开发

① http://www.greenroofs.org/。

② 每年的获奖名单:http://greenroofs.org/index.php/events/awards-of-excellence。

中，大约90％为德国的专利。德国景观发展和景观研究协会(FLL)①制定系列导则，其中有专门关于攀缘绿化的设计导则《攀缘植物墙面绿化的规划、施工和维护导则》②。这本导则对于种植体系、植物选择，结构、灌溉等都有详细的规定。2009年的德国绿色屋顶专业协会(FBB)③的垂直绿化会议上，Thorwald Brandwein总结了成功的垂直绿化所需的各种努力，如激励政策、质量管理和资助等，并提出植物活墙相对于传统的攀缘绿化在价格和技术成熟度上没有明显的优势。在攀缘绿化技术强势的发展背景下，植物活墙技术在德国的应用还未全面展开，案例较少。

4. 其他国家

随着人们对环境生态的重视，植物活墙越来越多地出现在世界各地。1994年，加拿大多伦多的生活大厦安装了一面带有生物净化系统的植物墙。2006年，巴黎改变建筑条例，鼓励植物多样性，建造了39个垂直花园。2011年，Green Over Grey在温哥华郊区白石镇Semiahmoo皇家骑警的公共图书馆建造了3000平方英尺(278.7 m^2)的绿墙。2002年，瑞士苏黎世MFO公园垂直绿化落成，长7.62 m、高1.27 m，共包含超过1500株的藤蔓植物。2005年，日本政府赞助打造了一个大型的“生命绿肺”，作为2005年爱知世博会的中心展品，该垂直绿化涵盖当时日本存在的所有类型的模块系统(共30种)。巴西研发了“生物墙”，即墙体外层用空心砖砌成，内填树脂、草籽和肥料等进行立体绿化等。目前全球第二高的植物活墙项目在哥伦比亚麦德琳el Poblado住宅区建造完成，极好地丰富了住宅景观。

超过80％的植物活墙是在2007年以后实施的，如加拿大埃德蒙顿国际机场、新加坡的樟宜国际机场、印度孟买国际机场等。这是因为植物活墙需要特殊的灌溉系统，要求承重结构必须像表面覆盖层一样贴在建筑的墙上，要形成浓密的绿墙，每平方米覆盖的植株多达30株，因此需要滴灌技术及自控技术高度发展。

---

① 德文原文：Forschungsgesellschaft Landschaftsentwicklung Landschauftsbau。

② 德文原文：Richtlinie zur Planung, Ausführung und Pflege von Fassadenbegrünungen mit Kletterpflanzen。

③ 1990年成立的德国的绿色屋顶专业协会FBB(Fachvereinigung Bauwerksbegrünung e. V.)专注于垂直绿化和屋顶绿化。自2008年起，FBB每年都举行一次垂直绿化会议。协会网址：http://www.fbb.de。

中国的植物活墙市场起步较晚，2008 年上海世博会是一个很好的契机。场馆的 80%以上做了垂直绿化、屋顶绿化和室内绿化。世博会主题馆生态绿墙总面积达 5000 m^2，是当时全球已实施的最大的植物活墙，且达到了在三个月内形成绿化效果、在两年以上的展示期内保持稳定景观效果的目标。法国馆的各种垂直绿化有帕特里克·布朗克做支持，自然非常引人注目。此后，植物活墙在中国逐步兴起和发展。

四、当代案例

作为一种崭新的技术，植物活墙在近年来迅猛发展，已经出现了大量的建成作品。但公众对植物活墙的认识还包含着大量的质疑。本书通过案例对植物活墙的技术价值、社会价值、规模尺度、地域适应性、提升建筑品质以及美学价值等进行介绍和分析(图 2-24)。

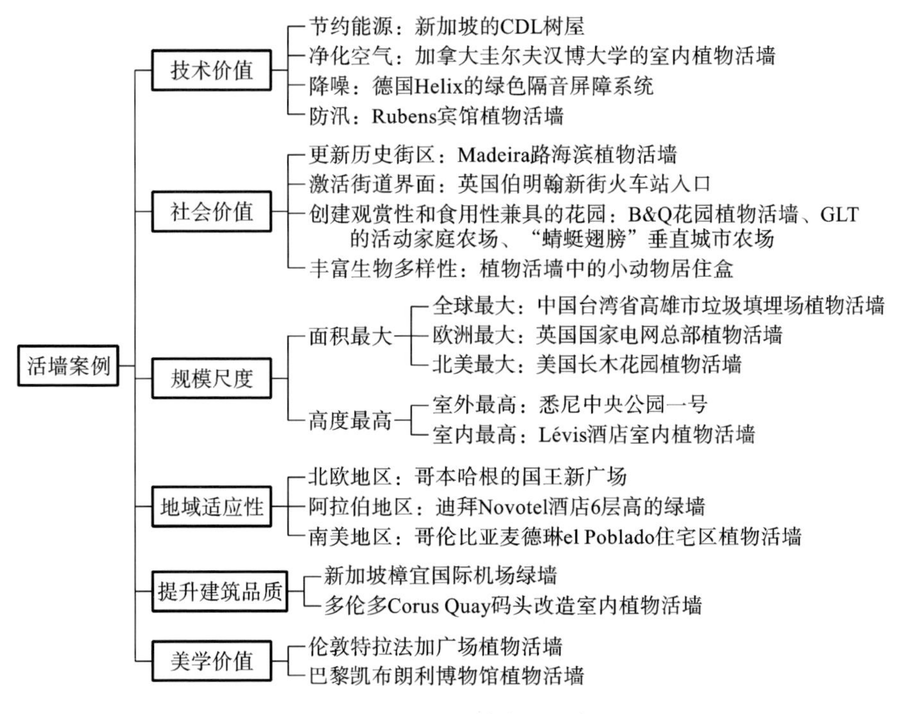

图 2-24　植物活墙案例列表

(一) 植物活墙的技术价值

从技术的角度,植物活墙的功能有节约能源、净化空气、降噪、防汛等,这都得益于植物活墙独特的构造,即种植基质和绿化植物的结合。

1. 节约能源——新加坡的CDL树屋

新加坡的CDL树屋创下了2014年的吉尼斯世界纪录(图2-25),面积达2288 m^2,通过减少建筑外墙对热量的吸收可节能15%~30%,预计每年将节省价值超过50万美元的能源和水。这栋24层的公寓建筑,还包括其他先进的可持续技术,如隔热窗和感应灯具①。

图2-25 新加坡CDL树屋

(图片来源:inhabitat.com)

2. 净化空气——加拿大圭尔夫汉博大学的室内植物活墙

室内空气质量不达标是我们所面临的健康问题之一。室内空气环境被许多负面因素影响,如多种挥发性化合物、气味、孢子和灰尘等。空气污染

---

① http://assets.inhabitat.com/wp-content/blogs.dir/1/files/2014/06/CDL-Tree-House-1.jpg。

可导致“大楼综合征”，大约有三分之一的因病缺勤源于空气质量差。改善室内空气质量的传统方法是从室外引入新鲜空气，进行加热或冷却再送到室内，而植物活墙可以实现自然的空气清洗。

加拿大圭尔夫汉博大学(University of Guelph-Humber)的室内植物活墙帮助该建筑获得2005年加拿大皇家建筑协会卓越奖①，设计者为Diamond and Schmitt Architects。这面室内植物活墙宽10 m，高16 m(图2-26)。天窗透过的自然光和人工光源一起，给超过1000棵植物提供能量②。

项目所使用的Nedlaw植物活墙与建筑物的通风设备整合成为一个封闭的系统(图2-27)，用以消除导致室内空气质量差的化合物：当空气经过植物活墙系统时，植物根部的微生物可自然分解空气中的挥发性有机物，如苯、甲苯、甲醛等。经过测试，空气通过一次该系统可以去除50%的苯、甲苯和高达90%的甲醛。不少公司都有这方面的专利，这样的空气净化成本仅占传统净化成本的一小部分。

图2-26　圭尔夫汉博大学的室内植物活墙

(图片来源：nedlawlivingwalls.com)

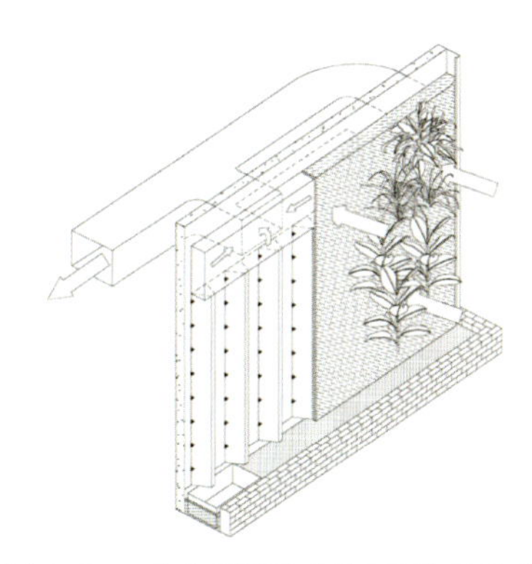

图2-27　植物活墙与通风系统的整合

(图片来源：http://www.nedlawlivingwalls.com)

① http://www.nedlawlivingwalls.com/projects/university-guelph-humber/。

② http://www.nedlawlivingwalls.com/wp-content/uploads/nedlaw-living-walls-backgrounder-benefits.pdf。

3. 降噪——德国 Helix 的绿色隔音屏障系统

德国设计师 Hans Müller 的绿色隔音屏障系统“Helix® Compacta”除了提供噪音保护，还可以迅速安装成形。Helix® Compacta 高度为 2～4 m，壁厚为 45 cm，在私人花园使用非常理想（图 2-28），也可以在工业和交通基础设施以及公共区域使用。根据测量数据，Helix 植物活墙可以把噪音降低 26 dB，对应 DIN EN 1793—2 标准，满足 ZTV—LSW 06 和列车噪音障碍 DB800.2001 导则关于噪音控制的要求。Helix 植物活墙系统有不同种类，包括：立面绿化 Helix System Façade、噪音控制、隐私保护、公共屏障、垃圾桶屏障。德国人对技术的精确控制、体系和标准的完善可见一斑。

图 2-28 隔音屏障 Helix® Compacta

（图片来源：www.plant-systems.com）

4. 防汛——Rubens 宾馆植物活墙

伦敦维多利亚火车站附近 Rubens 宾馆的植物活墙具有防洪功能。它是伦敦市最大的植物活墙，铺有 16000 kg 土壤，1 万多种蕨类植物和草本植物（图 2-29、图 2-30）。屋顶上收集的雨水用于保持植物活墙生长，墙面最多可储存 10000 L 水，因此有一定的防汛功能。据环境署数据，由于城市地面的吸收能力差，泰晤士河的泛洪区有 1/4 面临洪灾。该项目受到市长 Boris Johnson 支持，他公开鼓励“更多像植物活墙这样的创意，让伦敦成为欧洲绿化程度最高的城市”①。此外，这面植物活墙种植了 20 多种季节性植物，以

① 参见每日邮报：http://www.dailymail.co.uk/sciencetech/article-2398398。

吸引鸟类、蝴蝶和蜜蜂等，有助于提高这个区域的生物多样性。

图 2-29　Rubens 宾馆植物活墙

（图片来源：http://www.dailymail.co.uk）

图 2-30　Rubens 宾馆植物活墙局部

（图片来源：http://www.dailymail.co.uk）

（二）植物活墙的社会价值

把目光放大到城市生活，植物活墙可以起到更加多样的作用。它可以在更新历史街区、激活街道界面、创建观赏性和食用性兼具的花园、丰富生态多样性等方面起到关键作用。大到整个街区，小到一扇窗户，都能够体现植物活墙的社会价值。

1. 更新历史街区——Madeira 路海滨植物活墙

在英国绿色建筑委员会大力发展绿色基础设施倡议下，布莱顿启动了 Madeira 路滨海植物活墙更新项目。此项目具有令人印象深刻的外观和海边历史背景，与市民生活密切相关，引起了很大的社会反响。有近 200 年历史的 Madeira 路是英国最古老、最长的道路（20 m 宽，1.2 km 长），其挡土墙上曾布满了攀缘类植物的垂直绿化（图 2-31、图 2-32）。

图 2-31　19 世纪 80 年代的海滨浴场

（图片来源：building-green. org. uk/tag/green-wall/）

垂直绿化是这个滨海新区非常重要的组成部分，与维多利亚片区的地形息息相关。这个滨海街区在维多利亚时代辉煌一时，然而随着新城的发展而滨海街区逐渐破旧，成为流浪者的聚集地。在这样一个历史片区，景观设计师和历史保护专家携手工作，考虑这个滨海街区形成的历史和原先传统的垂直绿化形成的历史。植物学专家 Ben Kimpton 指出，通过改造更新，

图 2-32　1883—1896 年间的老图片显示已经有传统垂直绿化

（图片来源：Ben Kimpton）

其植物种类从 145 年前的单一品种进化到现在的 100 多种植物(图 2-33、图 2-34、图 2-35)。

图 2-33　建成后的 Madeira 路海滨绿墙

（图片来源：http://building-green.org.uk）

图 2-34　建成后的 Madeira 路海滨绿墙局部

（图片来源：www.urbangreening.info）

图 2-35　野花

（图片来源：building-green.org.uk）

这个项目的公众参与程度极高，工程师、生态专家、当地社区居民、志愿者成功合作。公众参与了设计过程，包括历史信息的收集和植物选择。志愿者亲手种植，在网站上建立了讨论群 Building Green，公众可以上传图片[①]。

Madeira 路海滨植物活墙建成后赢得了良好的社会评价，由于位于海边景点区，每年有大量的游客前来参观，并被指定为当地的野生动植物保护点，这在英国的绿墙中是唯一的。同时它也帮助布莱顿和 Lewes Downs 生态圈项目获得了 2014 年联合国教科文组织城市生物圈的认证。

2. 激活街道界面——英国伯明翰新街火车站入口

伯明翰新街火车站入口植物活墙是英国绿色建筑协会推荐的示范项目，正在申请英国绿色建筑委员会 BREAM 金奖，植物活墙在评分中起到了非常重要的作用。英国绿色建筑委员会最新的报告《揭秘绿色基础设施》，在全国推广有经济、社会和环境价值的绿色基础设施，报告中包括 18 个案例研究，强调绿色基础设施保护的良好实践。其中就有一个植物活墙的案例：伯明翰新街火车站入口的植物活墙。伯明翰是英国第二大城市，而该火车站是伯明翰的门户，在繁忙的高峰时期每分钟都有新的列车到达，改造是为了提高客运设施和车站城市环境的联系。植物活墙采用了一个漂亮的波浪形，同时也成为后面建筑的遮挡。在植物选择上兼顾视觉外观、季节性特点、生态价值、现场条件、人工环境中的耐用性和可维护性。植物活墙系统的种植密度高（112 株/m^2），表面上没有裸露区域。所有的植株是预先种植在模块上，再安装在墙上的结构框架中。其面积约 300 m^2，长 76 m，平均高度为4 m，包含了 33000 株植物。下面种植墙底处有非正式的座位和一个新的人行通道。兼具美学价值和生态价值的植物活墙立面已经成为公众喜爱和闲坐的场所（图 2-36）。

3. 创建观赏性和食用性兼具的花园——B&Q 花园植物活墙、GLT 的活动家庭农场、“蜻蜓翅膀”垂直城市农场

植物活墙可以为城市提供蔬菜。Biotecture 公司 Patrick Collins 和

① 参见讨论群 Building Green，http://www.flickr.com/groups/885962@N21/。

图 2-36　伯明翰新街火车站入口植物活墙

（图片来源：www.skyscrapercity.com、newstreetnewstart.co.uk）

Laurie Chetwood 设计的 B&Q 花园植物活墙获得 2011 年 RHS 切尔西花展金奖。这是一个 9 m 高、种满多种草本植物的可食用花园，其中包括罗勒、百里香、甘菊、墨角兰等植物，且每一层的种植盒都含有西红柿和甜椒①。这个设计希望通过垂直种植方式在有限的户外空间中得到高效的农业空间，并激发人们种植的动力(图 2-37)。

此外，植物活墙技术也可以让人们拥有家庭农场。美国 GLT 公司②鉴于人们对食品安全的忧虑，建议人们回到本原，种植蔬菜瓜果。不需要土地，在混凝土墙面上就可以种菜，把蔬菜从生产运输到搬上餐桌的碳足迹降低到零。GLT 为公司和个人提供垂直农场建造服务，其 Mobile Edible Wall Unit(MEWU) 活动垂直农作物系统(图 2-38)，在垂直绿化系统下面安装了活动的轮子，可以在室内、室外、停车场等各种位置使用，西红柿、黄瓜、辣椒甚至西瓜都可以成功生长。

比利时建筑师文森特·卡雷巴特(Vincent Callebaut)为纽约市的罗斯福岛设计了一个蜻蜓翅膀样式的垂直城市农场③，充满了未来的科技感和仿

① 参见 Biotecture 网站，http://www.biotecture.uk.com/portfolio/bq-tower-rhs-chelsea-2011/。

② 参见 GLT(green living technologies)网站，http://agreenroof.com/green-walls/。

③ http://www.archicentral.com/dragonfly-a-metabolic-farm-for-urban-agriculture-18094/。

图 2-37　B&Q 花园植物活墙

（图片来源：http://www.biotecture.uk.com）

图 2-38　GLT 的 MEWU 活动垂直农作物系统

（图片来源：http://agreenroof.com/green-walls/）

生学的美感（图 2-39、图 2-40）。这个垂直城市农场有 132 层楼，600 m 高，包含了 28 个植物活墙农田，可用于生产水果、蔬菜、谷物、肉类及乳制品。整个建筑综合利用太阳能和风能，可实现完全自给自足。

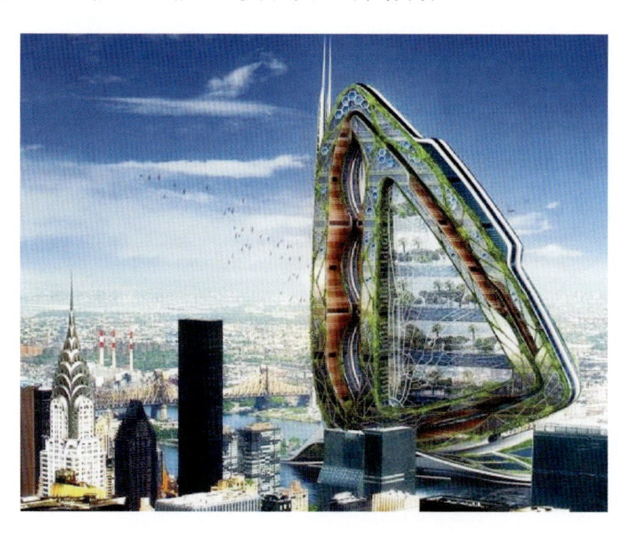

图 2-39　"蜻蜓翅膀"垂直城市农场

（图片来源：www.archicentral.com/dragonfly-a-metabolic-farm-for-urban-agriculture-18094/）

图 2-40　室内、室外的植物活墙用作农业种植

（图片来源：www.archicentral.com/dragonfly-a-metabolic-farm-for-urban-agriculture-18094/）

4. 丰富生物多样性——植物活墙中的小动物居住盒

需要有更多的生物，城市环境才能够更加生态，接近自然。植物活墙给城市带来多样的植物种类，丰富了生物多样性。欧洲的 ANS 公司还在植物活墙系统中给小动物专门设计了居住盒，可以作为蜂窝、鸟窝、蝙蝠或其他动物的栖息地，甚至还有昆虫旅馆。这些居住盒用原生态木材制作，冬暖夏凉，不加装饰以避免被捕食者发现，且要选择合适的位置和朝向，应精心布置①（图 2-41）。

（三）规模尺度

随着技术的日趋成熟，植物活墙在面积和高度上都在不断突破。在吉尼斯世界纪录中也专门设有“全世界最大的垂直花园”一项②。

1. 面积最大

（1）全球最大——中国台湾省高雄市垃圾填埋场植物活墙。

据 2015 年 6 月 29 日吉尼斯世界纪录记载，面积为 2594 m^2 的中国台湾

---

① https://www.ansgroupglobal.com。

② http://www.guinnessworldrecords.com/world-records/largest-vertical-garden-(green-wall)。

图 2-41　植物活墙中的小动物居住盒

（图片来源：https://www.ansgroupglobal.com）

高雄市垃圾填埋场植物活墙为世界最大（图 2-42）。这个植物活墙由 Cleanaway 和亮绿能源企业有限公司建造，把一个周边都是乡村的垃圾填埋场隐藏起来①。

（2）欧洲最大——英国国家电网总部植物活墙。

英国国家电网总部新的植物活墙则是欧洲最大的植物活墙，面积为 1027 m^2，包括了大概 97000 株植物，安装在 Warwick 郊区的多层停车场。这个具有 446 个车位的多层停车场由 One World Design Architects 设计，全年鲜花盛开②（图 2-43）。

（3）北美最大——美国长木花园植物活墙。

美国宾夕法尼亚州的长木花园植物活墙面积为 370 m^2，属北美最大，种

---

① www.wantchinatimes.com。

② 英国国家电网，http://www.gizmag.com/largest-living-wall-europe-uk-national-grid/37831/。

图 2-42　中国台湾省高雄市垃圾填埋场植物活墙

（图片来源：wantchinatimes. com）

植 47000 株植物（图 2-44）。植物活墙采用加拿大 GSky Plant Systems 公司的技术，该公司还提供 24 小时监测，通过生长培养基中的嵌入式传感器，确保绿墙翠绿。

图 2-43　英国国家电网总部植物活墙

（图片来源：gizmag. com）

图 2-44　美国长木花园植物活墙

（图片来源：magazine. good. is）

2. 高度最高

（1）室外最高——悉尼中央公园一号。

高层建筑外墙是传统绿化很难到达的位置，以攀缘类植物为主的垂直绿化受到植物本身高度的限制。而植物活墙系统则不存在高度困难，可以在高空发展是它的优势。植物活墙的高度也在不断被刷新。在高层以及超高层建筑中建造植物活墙已经不再困难，而且对于房地产开发项目来说，这项投资是值得的，这些长在高空的垂直森林会迅速成为吸引眼球的卖点。

让·努维尔联手帕特里克·布朗克打造的悉尼中央公园一号是目前为

止世界上最高的已经建成的植物活墙。这是一栋住宅大厦，其共生组合景观和建筑革命性的设计将重新定义悉尼的轮廓。绿叶植物和藤蔓爬满166 m高的立面，于2014年1月完成。植物物种包括澳大利亚本地的190个和160个外来的，覆盖50%的建筑立面（图2-45）。整个建筑群包括两个住宅塔楼，624套公寓。悬臂之上包含塔的38个奢侈豪华公寓，以及自动阳光追踪镜，捕捉直射阳光到周围的花园。晚上悬臂变成闪闪发光的艺术装置[①]。

图2-45　悉尼中央公园一号

（图片来源：www. phaidon. com）

（2）室内最高——Lévis酒店室内植物活墙。

室内垂直绿化同样可以做得很高。Lévis酒店Desjardins大楼建造了世界上最高的室内垂直绿化，植物活墙景观非常有艺术性，由加拿大公司Green Over Grey设计，他们以美丽的St. Lawrence河水风景为题材（图2-46）。植物活墙在15层高的办公楼里，高65 m，由超过11000株植物组成，包含42种植物，面积为198 m^2，整个培养系统都没有用土，而是采用

① 澳大利亚悉尼中央公园一号，http://www. phaidon. com/resource/jeannouvelpatrickblanc. jpg。

合成纤维材料[①]。

图 2-46　Lévis 酒店室内植物活墙

（图片来源：greenovergrey. com）

（四）地域适应性

因为有精确的种植技术，植物活墙才不受地域的限制，在北美洲、南美洲、寒冷的北欧地区、炎热干燥的阿拉伯地区、亚洲、大洋洲，都同样适用。

1. 北欧地区——哥本哈根的国王新广场

北欧地区气候寒冷，但由于植物活墙的物种选择多样，所以并不受影响，已经有大量植物活墙建造起来。挪威的特隆赫姆办公楼建筑植物墙是北欧地区最大的绿墙项目（图 2-47），由 8600 株植物组成，Greenfortune 公司建造，设计师是沃尔特·托尔安德森[②]。哥本哈根的国王新广场有规模较大的室外植物活墙。由植物组成的绿化墙创造出丰富多彩的图案（图 2-48）。

2. 阿拉伯地区——迪拜 Novotel 酒店 6 层高的绿墙

阿拉伯地区炎热干旱，植物活墙依然能生存，还能明显改善环境景观。迪拜 Novotel 酒店 6 层高的绿墙使它成为“这个国家环境最友好的旅馆”，绿墙占地面积 1200 m^2，包含 27000 株植物。这堵墙可以自动浇灌和施肥，以

① Lévis 酒店 Desjardins 大楼，http://greenovergrey. com/。

② 特隆赫姆办公楼建筑植物墙，http://biowall. no/galleri/granaasveien/。

图 2-47　特隆赫姆办公楼建筑植物墙

（图片来源：biowall. no）

图 2-48　哥本哈根的国王新广场

（图片来源：nationalgeographic. com）

一种低成本的运营，改变了原有铝合金外壳的生硬立面（图 2-49）。据 Arabianindustry. com 报道，在阿联酋的房地产开发中，垂直绿化是一个日益重要的概念，为沙漠景观增添了色彩①。

① http://www. arabianindustry. com/hospitality/news/2013/may/21/dubais-novotel-hotel。

图 2-49　Novotel 酒店 6 层高的绿墙

（图片来源：www. arabianindustry. com）

3. 南美地区——哥伦比亚麦德琳 el Poblado 住宅区植物活墙

南美洲虽然并不富裕，科技也不够发达，但仍然有令人惊异的植物活墙作品出现。2014 年 3 月，Groncol 和 Paisajismo Urbano 在哥伦比亚麦德琳建成了全球第二高的植物活墙项目，位于 el Poblado 住宅区（图 2-50）。绿墙给公寓一个独特的外观。墙有 300 英尺（91. 44 m）高，居民能够从阳台窗户观赏它[①]。

图 2-50　哥伦比亚麦德琳 el Poblado 住宅区植物活墙

（图片来源：inhabitat. com）

① http://inhabitat. com/worlds-second-tallest-living-wall-completed-in-medellin-colombia/。

(五)提升建筑品质

植物活墙能给人带来多方面的愉悦,包括视觉美感、清新凉爽的空气等。有不少项目因为人文环境增色而获得了各种奖项。这也证明,环境品质非常重要,植物活墙投资是值得的。

1. 新加坡樟宜国际机场绿墙

新加坡樟宜国际机场的室内植物活墙规模大,景观效果好,获得了2009年美国风景园林师协会荣誉奖①,并在专业航空研究认证机构Skytrax评选的最佳全球机场奖中连续多年入选前三名。它的室内绿墙面积达4144 m^2,由超过10000株植物组成,且包含25种攀缘植物(图2-51)。植物生长在固定于结构中的不锈钢钢索中,每个不锈钢钢索可以移动,以防有需要时单独更换植物。它的植物多样性选择获得很多赞誉,唤起人们对于东南亚热带雨林的记忆,而且改变了机场玻璃幕墙冰冷的外观。

图2-51 樟宜国际机场绿墙

(图片来源:www.woodhead.com.au/wp-content)

2. 多伦多Corus Quay码头改造室内植物活墙

多伦多东部滨水地区Corus Quay码头改造项目,建造了5层高的植物活墙,获得了2012年的"绿色屋顶和墙体"的优异奖。这个内部植物活墙的

① 2009年美国风景园林师协会荣誉奖,http://www.asla.org/2009awards/043.html。

景观极佳，在建筑入口中庭中面对着窗外的大面积水域，很受公众欢迎（图2-52）。其生物过滤能力强，能够提高建筑的空气质量，并同时降低建筑能耗。整个项目获得了LEED金奖，而植物活墙在认证申请的“绿色创新”类别中做出了有力贡献[①]。

图2-52　Corus Quay码头改造室内植物活墙

（图片来源：Richard Johnson，www.greenroofs.org/）

（六）美学价值

随着植物活墙技术的进步，规模大小和高度都已经不再是难题，植物活墙的美学价值就越来越成为项目成功的关键。由于其模块化布局和可以精密控制的特点，植物活墙的图案可以被自由控制，甚至可以用来展示一幅画作，或者模仿自然的形态。

1. 伦敦特拉法加广场植物活墙

用植物活墙可以展示凡·高的画作《麦田里的丝柏树》，它易于控制的模块式布局直接带来图案化的美学。伦敦特拉法加广场英国国家美术馆的第一幅生态图[②]由ANS公司构建。在这个项目中，他们共使用640块模块、

① http://www.greenroofs.org/index.php/events/awards-of-excellence/2012-award-winners/19-mainmenupages/awards-of-excellence/250-corus-quay。

② https://www.ansgroupglobal.com/wp-content/uploads/2015/05/National-Art-Gallery.jpg。

8000株植物，在苗圃中培育植株再运到现场安装，由于项目时间要求紧张，3天完成安装，维护管理了2周(图2-53、图2-54)。

图2-53　伦敦特拉法加广场植物活墙

(图片来源:www.ansgroupglobal.com)

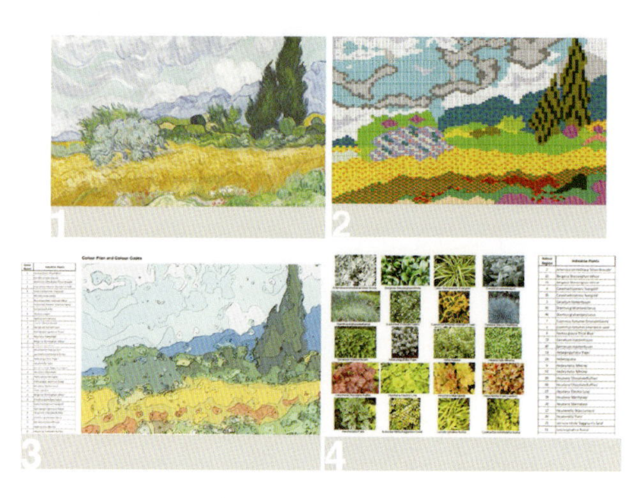

图2-54　《麦田里的丝柏树》图案设计过程

(图片来源:www.ansgroupglobal.com)

2. 巴黎凯布朗利博物馆植物活墙

巴黎凯布朗利博物馆植物活墙被称作有一种“植物油画风格”。200 m长、12 m高的植物活墙覆盖整个西北立面，是法国最著名的，也是被拍摄最

多的植物活墙（图 2-55、图 2-56）。植物活墙选用了 150 种、15000 株温带植物，包括北美洲、欧洲、亚洲、南美洲等地的植物。设计师 Blanc 认为，“这个垂直花园的生物多样性可以很好地呼应所收藏的作品，呼应世界各地的艺术家的文化多样性”。

图 2-55　巴黎凯布朗利博物馆植物活墙

（图片来源：http://www.verticalgardenpatrickblanc.com）

图 2-56　巴黎凯布朗利博物馆植物活墙细部

（图片来源：http://verticalgardenpatrickblanc.com）

20 世纪 40 年代刚刚诞生的植物活墙还非常简陋，但经过近年来的迅速更新，植物活墙已经成为复杂的、具有高科技含量的、由工业化体系支撑的产品，成了一套复杂的人工微生态系统。植物活墙已经有了成熟的商业运作模式，很多植物活墙公司都能够提供系统化的商业服务，完整地涵盖了从生产、设计、安装到后期维护的全过程。

这样的加速式发展，作者认为与其工业化特征有关。植物活墙最初出现之时就跟上了工业现代化发展的快车（体现为装配式、模块化），时至今日，又同步跟上了信息时代技术爆炸式增长的速度（例如以信息技术为支持的自动灌溉、传感监控等）。当然，还有另一方面的原因是大城市日益增加的用地紧张和绿地不足的矛盾，如果不考虑造价因素，植物活墙可以说是提供了非常完美的解决方案。

而技术的不断更新进一步加速了植物活墙的推广，有自动灌溉体系、计算机监控等手段之后，植物活墙的规模、高度、耐候性，都已经不再有技术瓶颈，在超高层建筑，寒冷和炎热的气候中都可以建造。植物活墙还有其独特的美学价值，帕特里克·布朗克的植物活墙有油画般的兼具人工和自然的美；而在现代城市中，植物活墙的出现总能让人感受到生态的气息。它还带有更加多元的价值，美化城市、节约能源、净化空气、降噪、防汛……可以说，当代植物活墙是拥有多样技术体系、不同美学价值及复合功能的重要垂直绿化形式，是未来城市中重要的垂直绿化形式之一。面对丰富的植物活墙发展现状，更加需要规范和科学的分析、整理、归类。

第三章　类型学分析

植物活墙将自然生长的植物与固定不变的建筑组合起来，既可被看成一层简单的外表皮，也可被看成一套复杂的微型人工生态系统。本书这里用类型学的方法对植物活墙的类型进行了提炼、归纳和总结。

一、绿化模式的演变

原始的植物依赖于大地生长，此时的绿化为水平绿化。通过技术的发展，植物脱离了大地，可以在人工建成环境的任意高度生存，即立体绿化出现。随后植物又脱离了水平方向的限制，在垂直方向也可以生长，出现垂直绿化。因此，绿化在其演变过程中存在 3 种方式：水平绿化、立体绿化和垂直绿化，如图 3-1 所示。

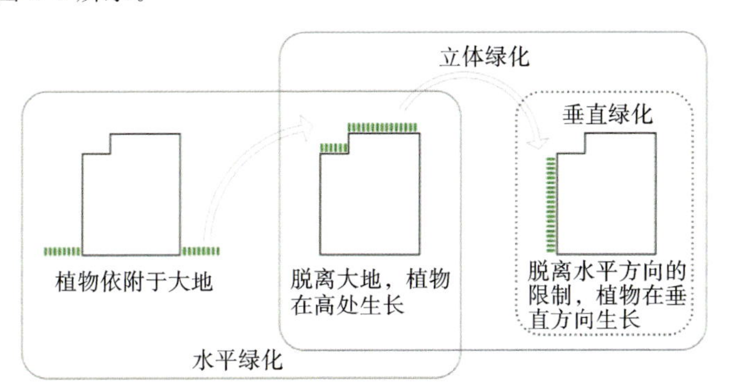

图 3-1　绿化演变过程

二、垂直绿化的分类

在发展过程中，垂直绿化的植物种类、生长方式、支撑结构都发生了与时俱进的变化，但始终不变的是绿化与建筑墙体之间的位置关系，即垂直绿化的核心要素是用植物覆盖墙面，如图 3-2 所示。

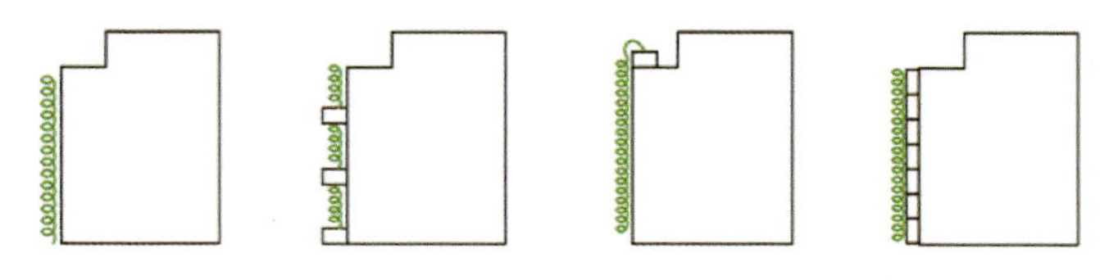

图 3-2　多种垂直绿化与建筑墙面的关系

已有文献对垂直绿化的分类可总结为 3 种：植物活墙、攀缘绿化和墙面贴植（来源：张宝鑫，畦海波，刘光卫）。而近年来出现了使用苔藓、空气凤梨、鹿角蕨等特殊植物以及将盆栽悬挂等的新型垂直绿化方式。本书这里对垂直绿化的类型进行了补充后总结为 9 种形式，如图 3-3 所示。

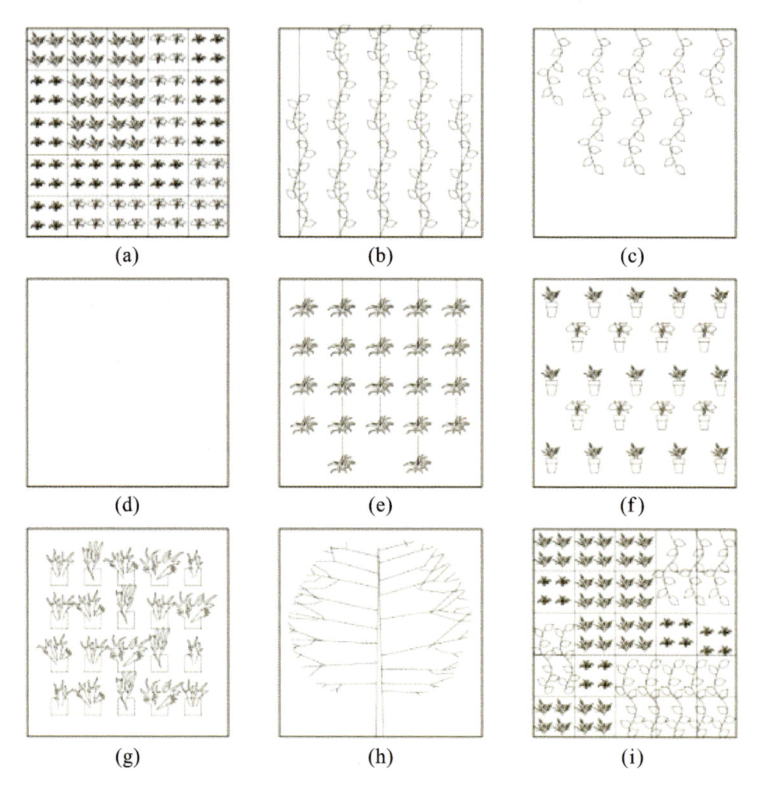

图 3-3　垂直绿化的 9 种形式

(a)植物活墙；(b)攀缘绿化；(c)悬垂绿化；(d)苔藓绿化；(e)空气凤梨绿化；(f)悬挂盆栽；(g)寄生植物绿化；(h)墙面贴植；(i)多种绿化形式组合的设计

(一) 植物活墙

植物在模块化种植容器中生长,种植容器垂直悬挂于墙面上形成拼贴的效果,与墙面用防水层隔开,由滴灌系统向容器内补充水分及营养,可建于室内或室外;或使植物直接扎根于墙体内部与之成为一体。植物以耐旱植物为主,包括草本、蕨类及灌木类,部分景天类,如红叶石楠、肾蕨、麦冬、佛甲草等(图 3-4)。

图 3-4 植物活墙,伦敦 Edgware 街地铁站

(图片来源:www. buzzfeed. com/marcelle/33-insanely-cool-vertical-gardens)

(二) 攀缘绿化

攀缘植物使用茎上的不定根(如气生根、吸盘垫或胶盘)将细长的茎直接固定在壁面,或通过额外结构间接攀附在墙面上。直接型攀缘绿化要求墙面材质较粗糙和干燥。间接型攀缘绿化的结构材料宜采用耐用和低维护要求的高级不锈钢,如镀锌钢、涂层钢或包膜钢等。攀缘植物可分为攀附类、缠绕类和钩刺类。需要植物直接攀附于墙面时,应选择攀附类,如爬山虎、常春藤等；通过网格结构间接攀附于墙面时，可选择缠绕类、钩刺类，如紫藤、蔷薇等（图 3-5）。

图 3-5　攀缘绿化，皮亚诺 MUSE 科学博物馆

（图片来源：http://www.rpbw.com/）

（三）悬垂绿化

在墙的顶部或墙面设花槽、花斗，选蔓生性强的匍匐及俯垂型植物，使其枝叶从上披垂而下（图 3-6）。常用悬垂类植物有蔓马缨丹、厚藤、云南黄素馨、山荊、天门冬、蒜香藤等。

（四）苔藓绿化

使用苔藓植物如砂藓、灰藓，培养成苔藓垫模块，挂于墙面上，如室内垂直绿化产品“BenettiMOSS”使用了铝制边框加苔藓地衣，可用于调节室内湿度和净化空气（图 3-7）；或在粗糙的墙壁上填一层薄薄的泥土，不需额外模块或结构也可满足苔藓的生长需求，形成均匀、柔和的绿化效果，如赫尔佐格和德梅隆设计的东京普拉达广场的墙壁上铺满了自然生长的苔藓，用以柔和其边界（图 3-8）。

图 3-6　植物垂帘

（图片来源：martinathornhill. tumblr. com）

图 3-7　“BenettiMOSS”室内苔藓绿化

（图片来源：www. benettistone. com）

图 3-8　东京普拉达广场，赫尔佐格和德梅隆设计

（图片来源：*Vertical Gardens: Bringing the City to Life*）

（五）空气凤梨绿化

空气凤梨（Airplant）包含近 550 个品种及 103 个变种，是地球上唯一完全生于空气中的植物，所需要的水分及养分完全由叶面气孔吸收。由于空气凤梨完全摆脱了泥土束缚，用它来绿化墙面的构造方法多种多样：在铁丝网上攀附、悬挂在铁丝绳上、捆扎于种植盒中、钉在墙上等（图 3-9、图 3-10）。

图 3-9　美国硅谷 Evernote 总部

（图片来源：dezeen. com/2013/07/11/evernote-by-studio-oa）

图 3-10　空气凤梨外墙

（图片来源：http://floragrubb.com/）

（六）悬挂盆栽

盆栽花卉多用于水平方向上的装饰，如窗台、台阶、走廊等空间，但将植物连花盆一起悬挂于墙面上也可创造出令人惊喜的绿化效果（图 3-11、图 3-12）。

图 3-11　天竺葵庭院，希腊

（图片来源：webecoist. momtastic. com/2009/03/02/beyond-green-roofs-15-vertically-vegetated-buildings/）

图 3-12 墨尔本温室餐厅

（图片来源：concreteplayground. com/melbourne/design-style/design/the-worlds-most-magnificent-vertical-gardens）

（七）寄生植物绿化

寄生植物，如鹿角蕨，在自然界中生长在树干和树枝上，因此非常适合和其寄主（木头）一起被安装在垂直墙面上（图 3-13）。

图 3-13 穆尔朱丽安的纽约花园圣地

（图片来源：architecturaldigest. com）

（八）墙面贴植

墙面贴植是使用人工技术训练乔木贴着墙壁横向生长的技术，多用于培育果树，也可用来装饰花园和墙面（图 3-14）。其特点是在有效绿化墙面的同时节约空间。

图 3-14　墙面贴植

（图片来源：http://minhavedagbog.blogspot.dk/? m=1）

（九）多种绿化形式组合的设计

有些垂直绿化的设计采用了多样的绿化形式，与建筑空间结合效果更佳。如 Edward Suzuki 事务所在日本东京的住宅设计，使用了模块式植物活墙、攀缘绿化和悬垂绿化三种方式混搭的设计，打破了绿化单调枯燥的立面效果（图 3-15）。

综上，植物活墙和攀缘绿化是垂直绿化在当代的主流形式，应用最多；悬挂盆栽和墙面贴植等方法使用较少；使用苔藓、空气凤梨和鹿角蕨等植物的绿化方式比较少见，但因概念新颖获得了不少青睐。

三、植物活墙的类型

植物活墙是当今垂直绿化技术中发展潜力最大的一种。通过前文对植

图 3-15　Edward Suzuki 住宅设计立面

（图片来源：http://edward.net/en/gallery）

物活墙发展历史及案例的分析，本书作者认为植物活墙区别于其他垂直绿化技术的最重要的特征，是其植物种类的多样性。其他的垂直绿化均只使用一种或几种植物，如攀缘绿化和悬垂绿化一般仅用1～2种植物即可覆盖墙面，苔藓绿化、空气凤梨绿化、寄生植物绿化仅使用苔藓、空气凤梨和寄生植物等同一品种的植物，而一面植物活墙的植物种类可多达上千种。因此，笔者认为，植物活墙的核心构成方式为：多样的植物通过某种根系承载方式覆盖于构筑物墙体表面（图3-16）。

植物活墙中植物的根系承载方式可分为3种：在模块化容器中生长、在种植毯上生长、在构筑物墙体的缝隙或空间中生长。本书作者按这种分类方式将植物活墙分为三类：模块式植物活墙、种植毯式植物活墙、整体式植物活墙。其中模块式植物活墙和种植毯式植物活墙的植物、生长基质和灌

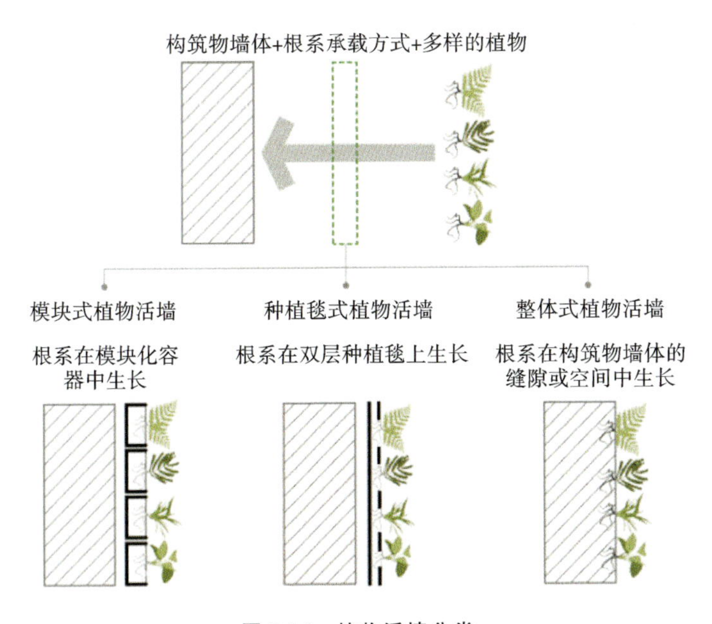

图 3-16　植物活墙分类

溉系统等自成一套体系，与构筑物墙体用防水层隔绝开；整体式植物活墙利用构筑物墙体内部的缝隙给植物根系提供生长空间，植物与墙体紧密结合为一体。

四、植物活墙的构造

（一）模块式植物活墙

模块式植物活墙包括种植容器、生长基质、植物、支撑结构、灌溉和收集系统，如图 3-17 所示。模块式植物活墙是先在苗圃中的生长基质上培育植物，然后通过各种工艺在墙体上固定基质并安装灌溉系统。它的特点是适用植物种类多，方便植物预种植，可在墙面上构图且更换植物方便。它适用于所有室内外墙面，特别是大面积的、高难度的墙面绿化。模块长和宽 50 cm 左右，深 10 cm 左右，重量 10～50 kg。

1. 种植容器

种植容器用来容纳植物的生长基质，与墙面垂直放置，通常选择轻型

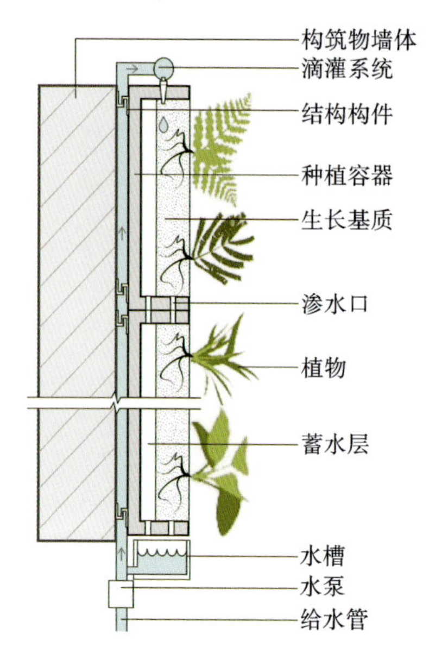

图 3-17　模块式植物活墙系统示意图

材料，具有耐腐蚀、抗挤压、抗低温、抗老化等性能。容器底部每间隔一定距离设排水口，以利排水。由于生长基质为多种砂土材料的混合物，种植容器一般为不漏砂土的盒式结构。也有种植容器采用金属笼结构配合表面覆盖材料共同组成的做法，或金属笼和岩棉块（代替生长基质成为植物生长基盘）组合的做法。图 3-18 和图 3-19 为种植容器的分类和其常见样式。

2. 生长基质

随着园艺业的发展，天然土壤的物理、化学性质已不能满足蔬菜、花卉、种苗及其他植物容器生产的需求，因此世界各国的研究机构早已致力于栽培基质的研究开发。无土栽培基质能为植物提供稳定的水、气、肥结构。它除了支持固定植株外，更重要的是充当"中转站"的作用，使来自营养液的养分、水分能被植物根系吸收。植物活墙使用的生长基质可分为两种：复合基质和单一基质。

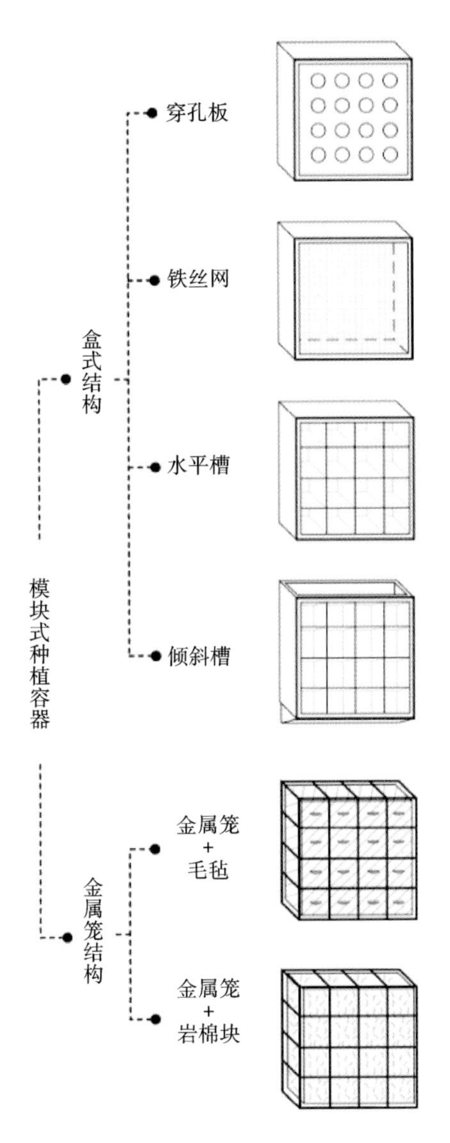

图 3-18 种植容器的分类

(图片来源：www.zinco-greenroof.com)

(图片来源：http://floragrubb.com/florasblog/?p=9398)

(图片来源：http://horticulturalbuildingsystems.com/)

(图片来源：www.jia360.com)

(图片来源：作者拍摄)

(图片来源： www.learn2grow.com)

图 3-19　种植容器的常见样式

(1) 复合基质。

复合基质是指两种或两种以上的单一基质按一定比例混合而成的基质,可分为有机基质和无机基质两种。有机基质蓄肥能力较强,但稳定性较差,如泥炭、椰子纤维、稻壳、锯木屑等(图 3-20～图 3-23)[①]。无机基质化学性质较稳定,但蓄肥能力较差,如砂、蛭石、珍珠岩、陶粒、火山石、炉渣等(图3-24～图 3-29)[②]。复合基质包含了各种物料的优良性质,有利于达到更好的栽培效果。

图 3-20　泥炭

(质地松软,有机质含量 30%～50%)

图 3-21　椰子纤维

(长纤维,保水和透气性能良好)

图 3-22　稻壳

(透气性好,保肥保水性能一般)

图 3-23　锯木屑

(容重小,吸水保水性较好)

---

① 图 3-20～图 3-23 来源:http://agriotech. com/black-peat/、http://ssimpexports. blogspot. com/、http://gangtie. huangye88. com/xinxi/8533964. html、http://sucai. redocn. com/tupian/1298819. html。

② 图 3-24～图 3-29 来源:http://allabouthydroponics. blogspot. com。

图 3-24　砂

（透气排水，容重大，持水性差）

图 3-25　蛭石

（孔隙率大，质轻，通透性好，持水力强）

图 3-26　珍珠岩

（透气排水，性质较稳定）

图 3-27　陶粒

（透气，颗粒中小孔易持水，可循环再生）

图 3-28　火山石

（多孔透气）

图 3-29　炉渣

（透气，容重适中，利于固定根系）

(2) 单一基质(岩棉)。

植物活墙可使用农用岩棉作为单一基质，配合营养液，给植物生长提供必需的生长空间、水分和养分。农用岩棉是由约60%玄武岩、20%焦炭、20%石灰石加上少量炼铁后的矿渣经高温熔融、抽丝，最后纺织、压缩成特定密度后再裁剪而成(图3-30)。农用岩棉浸水后能长时间不变形，具有良好的亲水性；容重较小，一般在60～80 kg/m^3，且孔隙率高，包含3%体积的纤维和97%体积的孔隙。农用岩棉被认为是当今无土栽培较好的基质，世界上已普遍采用。

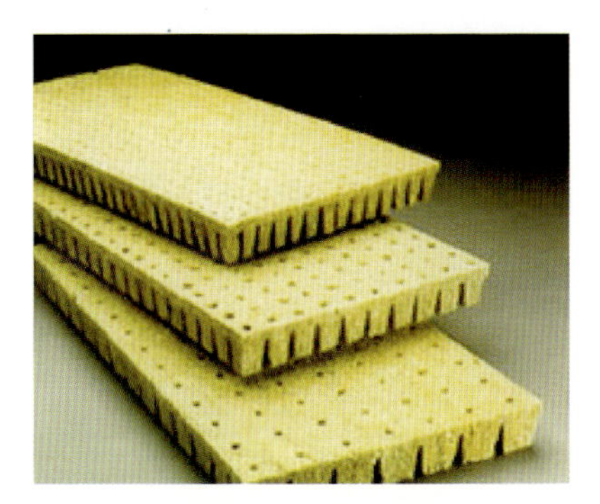

图3-30 农用岩棉

(图片来源：http://chenzhan05.1688.com)

在植物活墙中使用农用岩棉作为植物基盘有众多好处。岩棉代替了种植容器和生长基质，既给植物根系提供了生长空间，也是水分及养分的载

体;岩棉提供了一定的支撑作用,植物根系生长并扎入岩棉后即被固定。同时,岩棉的亲水性好,灌溉水被岩棉吸收后不会立即流失,起到了蓄水的作用。岩棉的透气性也较好,在提供充足水分的同时不妨碍根系呼吸(图3-31)。

图 3-31 使用岩棉基质的植物活墙

(图片来源:www.learn2grow.com/inspirations/gardenstyles/themes/PlantingUpAWall.aspx)

3. 承重方式

支撑结构不仅要承受植物自重,还要经得起风吹,特别是建筑物角落常出现的旋风的冲击。模块式植物活墙结构较厚重,可分为 2 种承重方式(图3-32)。

4. 空气层

模块式植物活墙由于支撑结构的需要,通常会在植物活墙和建筑墙面之间留出空气层。空气层厚度由结构尺寸、建筑墙面凸凹程度(是否有凸出物)或设计需求(如塑造空间)决定,如图 3-33 所示。

5. 滴灌系统

滴灌系统主要由首部枢纽、管路、滴头和水槽组成。

(1) 首部枢纽:包括水泵(即动力机)、施肥罐、控制与测量仪表等,其作用是抽水、施肥,以一定的压力将一定数量的水送入干管。

墙体自承重：在承重墙上安装支架作为固定点，植物活墙安装在支架上

额外结构承重：在靠近墙体处安装自承重钢结构，与墙体仅有水平方向的连接

图 3-32　模块式植物活墙承重方式分类

①植物活墙紧贴墙面铺设
d=支撑结构截面尺寸
$0<d<100$ mm

②植物活墙与出挑结构对齐
d=出挑深度－植物活墙厚度
100 mm$<d<$600 mm

③植物活墙围合走廊、阳台等空间
d=空间进深－容器深度
$d>$600 mm

图 3-33　空气层厚度

(2) 管路:包括干管、支管、毛管以及必要的调节设备(如压力表、闸阀、流量调节器等),其作用是将加压水均匀地输送到滴头。

(3) 滴头:作用是使水流经过微小的孔道,形成能量损失,减小压力,使水以点滴的方式滴出。

(4) 水槽:安装在墙体底端,收集多余的水回收利用或引入排水系统。

模块式植物活墙通常需要在不同水平高度设置管路和滴头,通过种植盒的自动引流设计进行层层灌溉,如图 3-34 所示。

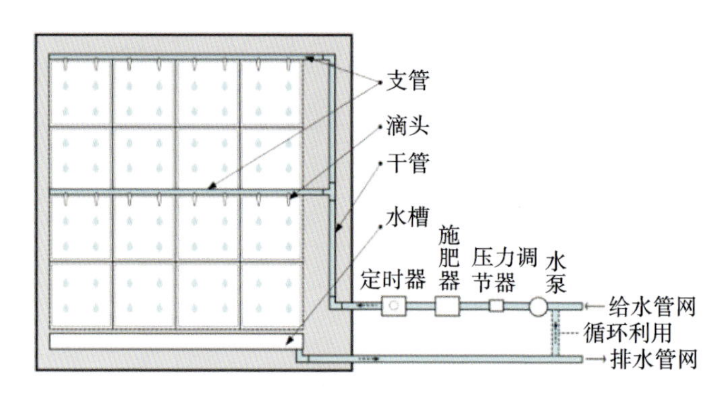

图 3-34 模块式植物活墙滴灌系统示意图

（二）种植毯式植物活墙

种植毯式植物活墙包括种植毯、防水层、植物、生长基质、灌溉和收集系统（图 3-35）。种植毯式植物活墙便于直接固定在混凝土、砖墙、金属板墙、木板墙和石膏板墙上，用防水层防止水分侵蚀墙面，故而没有空气层。由于它具有软质的载体结构，因此可在垂直或曲面墙面上施工，室内或室外均可采用该类型活墙。植物可在墙体上自由设计或进行图案组合，无须另外做钢架。该活墙特点是结构薄、重量轻，具有很好的保水、排水和透气性。

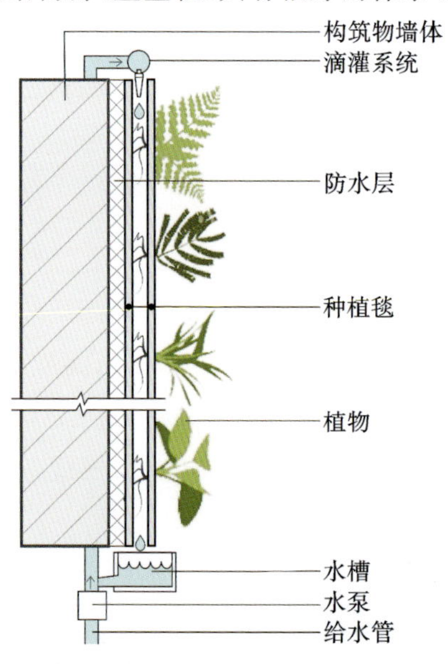

图 3-35 种植毯式植物活墙系统示意图

1. 种植毯

种植毯按照类型可分为三种，即双层开口式、口袋式及草坪式(图 3-36)。

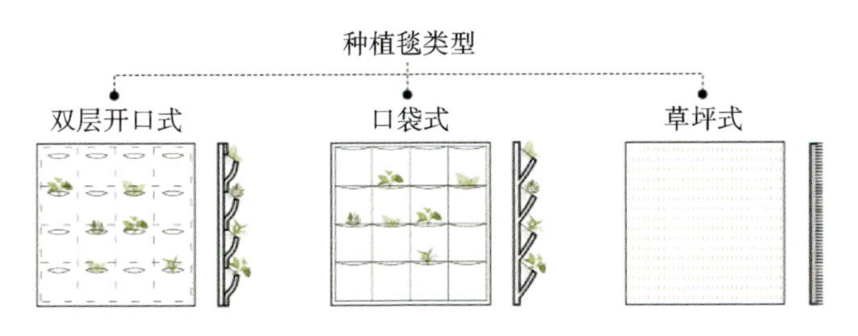

图 3-36　种植毯分类

(1) 双层开口式。

双层开口式种植毯即将双层毛毡以网格形式缝制在一起，在外层毛毡上开口，填入生长基质，种入植物。如法国设计师帕特里克·布朗克设计的植物活墙大多使用这种形式(图 3-37)。

图 3-37　双层开口式种植毯

(图片来源：360doc.com/content/15/0707/15/26569208_483345093.shtml)

(2) 口袋式。

口袋式种植毯即在做好防水处理的墙面上直接铺设软性植物生长载体，例如毛毡、椰丝纤维、无纺布等，然后在这些载体上缝制装有植物生长基

质的布袋，内种植物（图 3-38）。

图 3-38　口袋式种植毯

（图片来源：www. hgtvgardens. com/photos/gardens-photos/rise-up-raised-bed-gardening? s=1）

（3）草坪式。

草坪式种植毯由椰子纤维层、培养基质层、植物组成（图 3-39），随着植物的生长和蔓延，交织成一个完整的植被毯，以铺贴形式用于墙面，是屋顶绿化向墙面应用的延伸。

图 3-39　草坪式种植毯

（图片来源：http://www. terram. com/）

例如，奥地利 Weichlbauer Ortis 事务所设计的草坪房子即利用了草坪式种植毯（图 3-40）。

图 3-40　奥地利草坪房子

（图片来源：www.archilovers.com/albert-josef-ortis/）

2. 生长基质

与模块式植物活墙类似，种植毯式植物活墙使用单一基质按照一定配比混合而成。

3. 承重方式

种植毯重量轻，墙体承重即可满足需要。一种构造方法是在墙体上安装支架，将板状的防水层（如 PVC 板）固定在支架上，然后在其表面铺设种植毯，如帕特里克·布朗克经常使用的种植毯式植物活墙系统。另外一种构造方法有市场成品，是将防水层覆于种植毯底面，将两者结合为一个整体的柔性结构，可直接用自粘胶或防水钉铺设在墙体上。这两种承重方式示意见图 3-41。

4. 空气层

直接在墙面上铺设的种植毯没有空气层。铺设在支架上的种植毯有空气层，空气层的厚度由支架截面尺寸决定。

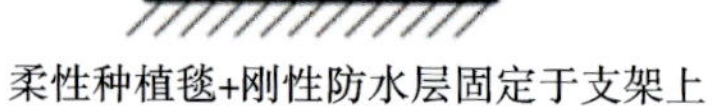

柔性种植毯+刚性防水层固定于支架上

图 3-41　墙体承重的两种做法

5. 滴灌系统

种植毯式植物活墙只需在墙体最上端进行滴灌，利用水的重力作用，营养液可顺着毛毡毯均匀流至整个墙面(图 3-42)。

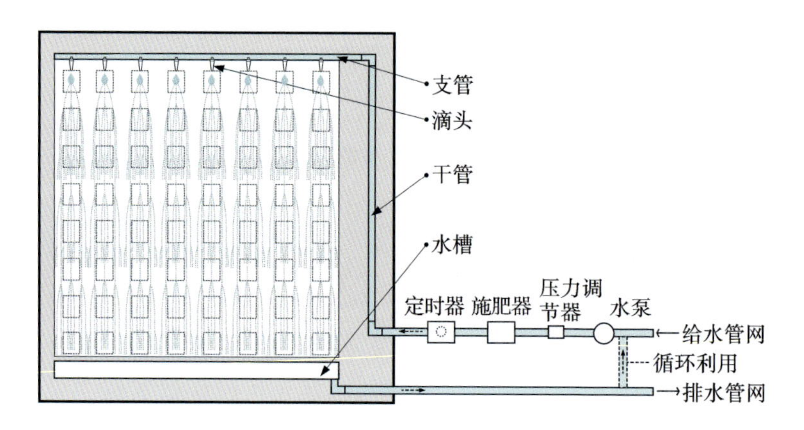

图 3-42　种植毯式植物活墙滴灌系统示意图

(三) 整体式植物活墙

整体式植物活墙是在墙体缝隙或预留空间内放置生长基质和植物。由于允许植物根系深深扎入墙体结构中，植物与墙体紧密结合为一体。根据整体式植物活墙的种植空间可将其分为两种类型，如图 3-43 所示。

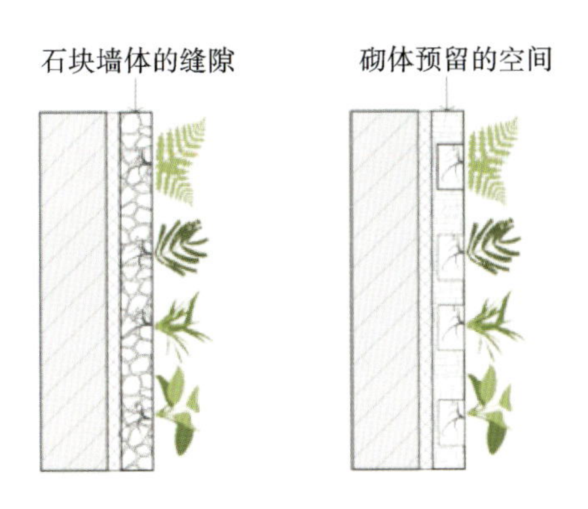

图 3-43 整体式植物活墙的种植空间

(1) 当使用墙体结构预留空间时,如西班牙的 Ushuaia Ibiza 旅馆室外墙面(图 3-44),预留空间内需填充植物生长所需基质。

图 3-44 Ushuaia Ibiza 旅馆室外墙面

(图片来源:http://www.architonic.com/)

(2) 当使用石块堆砌形成的缝隙时,不需额外填入生长基质,选取合适的植物即可生存(图 3-45),但需要安装与模块式植物活墙相同的滴灌系统。

由于整体式植物活墙多为设计师的创造性设计,使用极少,故本书不对其展开详细分析。

图 3-45　L'lmmeuble Qui Pousse 公寓，法国蒙彼利埃

（图片来源：http://www.edouardfrancoie.com/）

第四章　植物活墙生态效益

一、降温作用

植物的遮阳作用可以保护墙面不被晒得过热。Peck 指出，照射到植物冠层的所有太阳能，约 2%用于光合作用，48%透射过叶片并存储在叶片中，30%转化成热能，只有 20%被反射回外界。大量的入射辐射在植物冠层被吸收利用，从而有效调节外界温度波动。在炎热的夏天，植物对热量的大量吸收可降低被遮阳表面的温度，冬天时它们则会释放热量，调节环境温度。

Hoyano 研究常春藤对东京一栋混凝土建筑的遮阳效果，发现外墙面温度降低了 18%，内墙面温度降低了 7 ℃。Eumorfopoulou 和 Kontoleon 在希腊北部观察到攀缘植物对墙体的室内、室外表面均有降温作用，且可保持日常室温比未使用攀缘植物的室温平均值低 2 ℃。Kontoleon 和 Eumorfopoulou 还发现攀缘植物的墙面绿化对东、西朝向建筑表面的热学影响更明显。

遮阳作用与植物叶片的密度和覆盖率相关。Kenneth 对英国温带气候下攀缘植物的遮阳效率进行实验研究，发现通过 5 层叶片后，阳光透射率由 45%降至 12%。Wong 运用 TAS 动态建筑热环境及能耗模拟软件对一栋全玻璃幕墙建筑进行模拟研究，发现攀缘绿化的遮阳效率和叶面积指数存在线性关系：叶面积指数越高，阳光透射率越小。叶片覆盖率为 50%、遮阳系数为 0.041 的攀缘绿化可减少一栋玻璃幕墙建筑外围护结构热传递量的 40.68%。Sunakorn 和 Yimprayoon 在热带气候下的夏季时间里测量了两间朝西房间的室内温度，一间有攀缘植物遮挡，一间没有。攀缘植物叶面积指数为 4～5，覆盖率为 90%，距离墙面 70 cm。两个房间室内平均温度的差异，在通风和不通风的情况下分别是 0.9 ℃和 0.3 ℃。Nori 在西班牙地中海大陆性气候下对植物活墙降温效率和太阳辐射强度的关系进行实验研究。在晴天（垂直面太阳辐射强度为 692 W/m^2）对比墙面和植物活墙墙面的温度差最大可达 24.6 ℃，而在多云天气下（垂直面太阳辐射强度为 141 W/m^2），温差仅为 3.1 ℃。Mazzali 也发现 3 种不同植物活墙的建筑外部表面温度差范围（阴天 1 K 至晴天 20 K）与太阳辐射相关。

多项研究均指出植物活墙的降温效果远远强于表皮绿化，原因是植物活墙有不透光的种植容器和更密集的植物冠层，对太阳辐射的遮挡作用和蒸腾降温作用均强于攀缘植物。Wong 对 8 种不同的植物活墙和攀缘绿化装置进行实测研究。植物活墙可将墙外表面温度降低 11.58 ℃，且平均温度的日波动范围更小，攀缘绿化则对墙面温度无显著影响。Perini 对 3 种墙面绿化（直接附于墙上的攀缘植物、带有 20 cm 空气层的攀缘植物和植物活墙）分别与裸露墙面进行实测对比，发现 2 种攀缘植物分别可使建筑外墙面平均温度降低 1.2 ℃和 2.7 ℃，而植物活墙可使之降低 5.0 ℃。这是由于植物活墙比攀缘植物有更好的遮阳效果，且植物活墙的滴灌系统会持续进行灌溉，保证了植物进行较好的蒸腾散热作用。

Cheng 在香港对植物活墙的实测实验中发现，当房间里的空调设定在 26 ℃时，植物活墙可减少日冷负荷 1.45 kW · h 和降低内墙表面温度 2 ℃。Olivieri 研究了安装在实验房上的植物活墙，发现有植物活墙的房间室内温度在白天比没有植物活墙的房间低 20%，并且波动范围更小。Prez 发现攀缘植物与建筑墙壁之间的空气层是一个低温高湿的微型气候区。Perini 研究了直接攀附于墙上的攀缘绿化和带有空气层的情况下热工性能的差异，与裸露墙面相比，直接攀附于墙上的攀缘绿化可将墙体表面温度降低 1.2 ℃，而带有空气层的攀缘绿化则可将墙体表面温度降低 2.7 ℃。

刘步军通过测试发现蔓藤攀缘植物棚架下温度可降低 2.7～3.9 ℃。张迎辉发现爬山虎的光合作用和蒸腾作用能够起到强大的释氧固碳作用和产生降温增湿效应，经测试表明，生长季节爬山虎可吸收二氧化碳 4.71 g/(m^2 · d)，释放氧气 3.43 g/(m^2 · d)，可以使周围 1000 m^3 空气温度降低 0.45 ℃，相对湿度提高 0.39%。大约 58 m^2 爬山虎的释氧量可以满足一个成年人一天的呼吸氧需求，每天蒸腾作用吸收的热量相当于 3 kW 的空调工作 100 分钟产生的热量。杨学军测定了北方常用的五叶地锦的降温增湿作用，在房屋东、南、西、北、顶面绿化中，正午前后降温增湿极显著，顶、南、东、西、北面绿

化分别降低温度5.77 ℃、4.45 ℃、4.21 ℃、3.36 ℃、1.6 ℃。宫伟测试发现，三叶地锦附近小环境的温度比 50 m 外的无绿化环境空气温度平均下降 1.65 ℃，湿度平均增加 14.6%。秦俊测试发现，葡萄棚架下的地表温度比没有绿化的地表相对低6.8～14.6 ℃，其中 12:30—13:30 时的降温幅度最大，达 30.7%。紫藤棚架由于叶片更大、密集效果更好，温度比无绿化时低 7.2～18.2 ℃，最大降温比例高达 36.7%。陈祥对比了有佛甲草覆盖的和裸露的石质墙体，绿化墙面温度平均低 11.5 ℃，在 12:00—18:00 时段内降温幅度均在12.8 ℃以上，14:00 时达到最大值 18.7 ℃。Cheng C. Y. 等对展览场馆垂直绿化的测试表明，在夏季，垂直绿化可使展览场馆室内温度降低 2～5 ℃，而在寒冷的冬季则可使室内温度升高 2 ℃以上。

二、增湿作用

Stec 观察到约 60%被植物活墙吸收的太阳辐射通过植物的蒸腾作用转化为潜热能。因此，植物叶片的温度比普通遮阳装置的温度低 35%，为 35～55 ℃。Wong 观察在新加坡热带气候下，8 种垂直绿化系统对环境空气温度的影响，发现在距离植物活墙 15 cm 和 30 cm 的位置，环境空气温度降低了 3.3 ℃和 1.6 ℃，而到距植物活墙 60 cm 处则已无降温效果。这说明绿化墙面不仅向外辐射较少热量，还可以通过蒸腾作用降低环境温度，从而进一步降低建筑制冷负荷。Perini 测量了 3 种垂直绿化对其相邻微环境的影响，发现环境温度在距离所有绿化 10～100 cm 的范围内并无变化。导致这一结果的原因是 Perini 测量的是在温带气候下秋季的数据，此时植物的蒸腾作用相比在炎热的夏季低很多。

Wolverton 的研究指出，室内植物活墙通过灌溉水的持续蒸发和植物的蒸腾作用达到降温效果。Fernández-Cañero 在西班牙地中海气候下测试室内植物活墙对室内温度和湿度的影响，发现室内气温降低了 4 ℃，在植物附近最大降低 7 ℃，同时植物活墙周围空气湿度增加 15%，说明室内植物活墙可在炎热干旱气候下提供更舒适的环境，减少使用空调造成的能耗量。Alexandri 和 Jones 研究绿化墙面和绿化屋顶对城市热环境的影响，结果表明绿化墙面比绿化屋顶对城市街道空间的热环境影响更大。绿化墙面与绿化屋顶相结合则可将街道环境温度降低到舒适水平，并减少 32%～100%的建筑制冷能耗。吴艳艳选择了 5 个观测点测量了深圳市攀缘类垂直绿化的降温、增湿效应，在四季的降温、增湿效应由大到小依次为夏季、春季、秋季、冬季，并指出由于垂直绿化植物单一，所以降温增湿效应不如其他类型的城市绿化。

三、等效热阻

在建筑表皮覆盖绿色植被可在夏季阻隔室外酷热，在冬季防止内部的热量流失。Minke 指出，20～40 cm 草坪层加上 20 cm 的基质层组合起来的热阻值相当于 15 cm 的矿棉保温层。Givoni 指出，夹在墙体和植物层之间的一个 4 cm 的空气层最大可以增加 30%的墙体热阻值。现有墙体热阻值越高，植物的保温效果越好。使用外墙增加垂直绿化这一策略可提升墙体热阻值，适合改造保温性能差的现有墙体。

Liesecke 指出，虽然垂直绿化保温隔热的作用显而易见，但其具体的热阻值会随基质内湿度的变化发生较大波动。现有的研究还未提出垂直绿化热阻的标准值。

四、调节风速作用

Minke 指出，空气沿垂直面运动的速度比沿水平面运动的速度快，巧妙布局的垂直绿化可以创造足够的湍流打破垂直气流，在冷却空气的同时减缓气流的速度。通过将风能转化为动能和热能，植物可以显著影响风的模式，从而减少风对建筑物的不利影响。植物也可通过降低风压来增加门、窗的气密性，从而使建筑围护结构更密封。

Perini 发现植物活墙可减小建筑表皮周围的风速：从外墙前 10 cm 的距离到空气层，风速从 0.56 m/s 减小至 0.10 m/s。由此可增大建筑外表面换热阻值，从而使围护结构的综合传热阻值增大。

Sunakorn 和 Yimprayoon 研究攀缘植物作为垂直遮阳装置对自然通风建筑的空气温度和风速的影响。有表皮绿化的室内空气温度在白天一直低于没有表皮绿化的房间，且室内通风情况也较好。

五、改善空气质量

Bill Wolverton 在主持 NASA[①] 的空气净化研究项目时发现，植物根部可以过滤挥发性有机化合物（VOC）和二氧化碳，改善室内空气。他的研究报告和著作里提供了具有净化空气能力的植物名单。1984 年，NASA 建造了一个封闭式生态生命支持系统“Biohome”，在其中放入有净化空气能力的植物，成功使这个密封建筑的室内环境从 VOC 严重超标改善到大部分 VOC 被移除。

Minke 指出，在室外，道路、停车场和建筑物表面被阳光加热后会造成热空气垂直方向的流动，并将地面和空气中的灰尘和污垢粒子携带传播。而垂直绿化可降低热空气运动的速度，阻挡建筑物立面和空气中的灰尘和污垢颗粒移动。这些颗粒物被固定在植物表面，下雨时被冲到土壤、基质中，完成对空气的过滤作用。植物还可通过光合作用吸收气态的污染物，并将其固定在叶片中，到秋天落到地面形成腐殖质。

研究表明，种植树木的城市街道上的总粉尘颗粒只有没种树木街道的 10%～15%。在德国法兰克福同一个社区里，没有树木的街道污染计数为每升空气 10000～20000 污垢粒子，而林荫街道的污染计数仅为每升空气 3000 污垢粒子。有哮喘和其他呼吸疾病的人可直接受益于垂直绿化的空气净化能力。美国雪城大学科研团队研制的家用“植物空气过滤器”使用植物去除空气中的 VOC，还能将房屋取暖和制冷的成本降低 15%。郭甜发现，由于植物叶片能够有效减少环境噪声反射，与光滑墙面相比，有垂直绿化的墙体表面可吸收约 1/4 的噪声。而且城市绿化对空气中的颗粒物有吸收作用，根据不同的植物及其配置方式，其滞尘率为 10%～60%。

由于植物活墙技术较新，近年来才引起学术界对其的重视。总体来说，国内外关于植物活墙的已有研究数量较少，其中国内文献又比国外文献少，且国内文献关于宏观策略的研究较多，关于实证和模拟的研究较少。

---

① National Aeronautics and Space Administration（NASA）：美国国家航空航天局。

1. 关于植物活墙类型学的研究

国内外有极少量研究对植物活墙结构形式进行了梳理和分类,总结了常见的构造方法。

2. 关于植物活墙热工性能的研究

国外研究者对植物活墙的遮阳作用、蒸腾作用、空气层的热阻作用、调节环境温度作用、调节风速作用等,都有较充分的实验研究。国内也有少量研究通过实验测试了植物活墙对城市环境和建筑空间的降温、增湿效应。

3. 关于植物活墙传热模型的研究

早期的模拟将植物活墙的功能进行简化,仅对其遮阳作用进行模拟,或将植物替换成模拟软件可识别的材质和结构进行模拟。这种方法比较粗略,没有对植物活墙真正的热学作用实现全面模拟。较新的模拟研究则对植物活墙的热学作用理解更全面,建立了相对复杂的热工模型。这些模型可以更精确地模拟植物活墙的受热、传热过程。

综上所述,关于植物活墙类型、构造的研究数量少,且内容较简单;关于植物活墙热工性能的实验研究大多都是以描述植物活墙在夏季的热学现象为主,没有冬季的实验结论。关于植物活墙传热的模拟研究在近几年有较大的发展,能对植物活墙的热传递过程进行全面的模拟。

第五章　植物活墙对建筑的热工影响

会呼吸的植物，随太阳辐射强度调节方向的叶片，随季节变化的叶片色彩，基质中随浇水、降雨而变化的水含量……这是植物活墙系统特有的有机性和生命力的体现。然而植物活墙系统多变、不恒定的物理性质也使其热工性能难以定量得出。

本书这里试图建立可模拟植物活墙传热过程的数值模型：首先对植物活墙进行受热分析，通过热平衡原理求解植物冠层和基质表面的温度，再对植物活墙生长基质的热工指标进行计算，最后对植物活墙和建筑墙体的一维非稳态传热微分方程求解，拟得到建筑墙体内各点温度随时间的波动值和通过墙体的传热量，以用于分析建筑能耗。

模拟对象为植物活墙和建筑墙体，其室内外环境为室外热环境随时间变化，室内热环境在空调的控制下保持恒定。在这种情况下，热量在植物活墙及建筑墙体内部的传递过程为非稳态热传导过程。

一、植物活墙受热分析

植物活墙改变了建筑墙体外部受热情况。建筑外墙面被生长基质和植物冠层所覆盖(图 5-1)。植物冠层由不同植物的叶片组成，结构复杂；基质表面有土壤、水分等有机物。建筑热工计算中通常使用的表面换热系数、太阳能吸收系数等参数均不能直接用于植物冠层和基质表面的热工计算，需根据叶片、基质的物理特征对植物冠层和基质表面进行受热分析和计算，从而得出植物冠层和基质表面的温度分布。

(一) 叶片能量平衡

叶片是植物的太阳能采集器与辐射的交界面。叶绿体中的叶绿素和其他色素捕捉太阳光射到叶子表面的能量，利用它推动一系列复杂的化学反应(光合作用)(图 5-2)。图 5-3 为叶片的热平衡分析图，包括入射和发射的

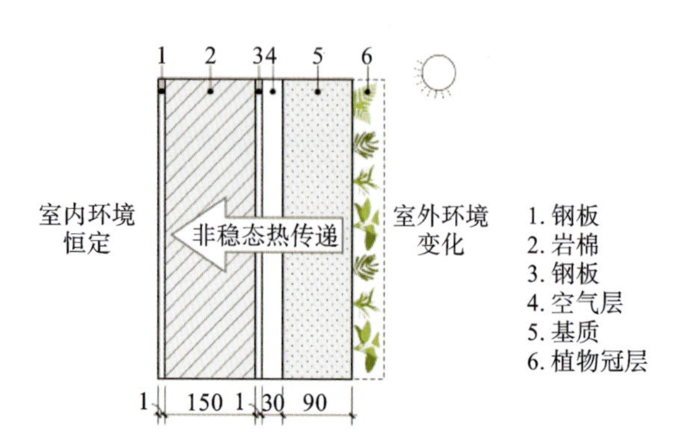

图 5-1　植物活墙热传递示意图

短波辐射(SR)和长波辐射(LR),对流辐射 C,蒸腾散热 λE,对太阳辐射的透射部分(tr)和荧光发射辐射(FL),叶片储存的热量(A),代谢作用产生的热量(M)。其中,相比太阳辐射、长波辐射的能量,代谢产生的热量非常少,叶片的热容量也非常低,除非研究对象是多肉多浆植物,叶片的能量平衡方程不考虑热储存和代谢热量。

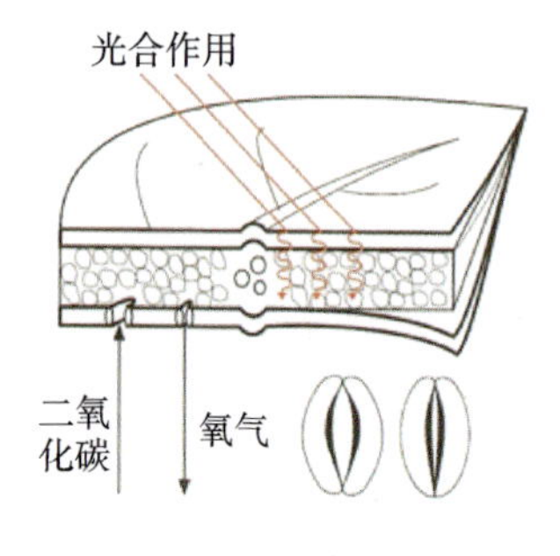

图 5-2　光合作用

(图片来源:《建筑与太阳能——可持续建筑的发展演变》)

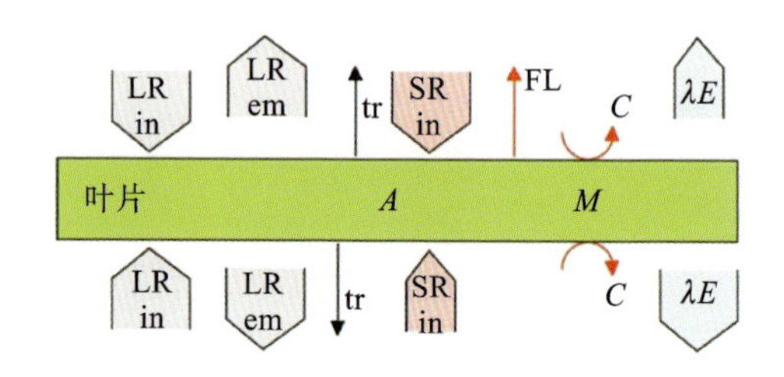

图 5-3　叶片的热平衡分析图

(图片来源:*Plant Physiological Ecology*)

因此,对单一叶片而言,其能量平衡公式为

$$I_{leaf} + L_{leaf} + C_{leaf} - \lambda E_{leaf} = 0 \tag{5.1}$$

其中,I_{leaf} 为叶片吸收的太阳辐射量;

L_{leaf} 为叶片吸收的长波辐射量;

C_{leaf} 为与空气对流交换的热量;

$\lambda E_{\mathrm{leaf}}$ 为蒸腾作用损失的潜热能。

（二）植物冠层能量平衡

植物冠层是一个植物群落处于相同高度的树冠或草冠连成的集合体。与单一叶片类似，植物冠层作为一个整体也会在自然界中达到能量平衡。

$$I_{\mathrm{canopy}}+L_{\mathrm{canopy}}+C_{\mathrm{canopy}}-\lambda E_{\mathrm{canopy}}=G_0 \tag{5.2}$$

如图 5-4 所示，I_{canopy} 为植物冠层吸收的太阳辐射量，L_{canopy} 为植物冠层与周围环境（大气、地面以及基质表面）进行长波的辐射热交换量，C_{canopy} 为植物冠层与空气对流交换的热量，$\lambda E_{\mathrm{canopy}}$ 为植物冠层蒸腾作用损失的潜热

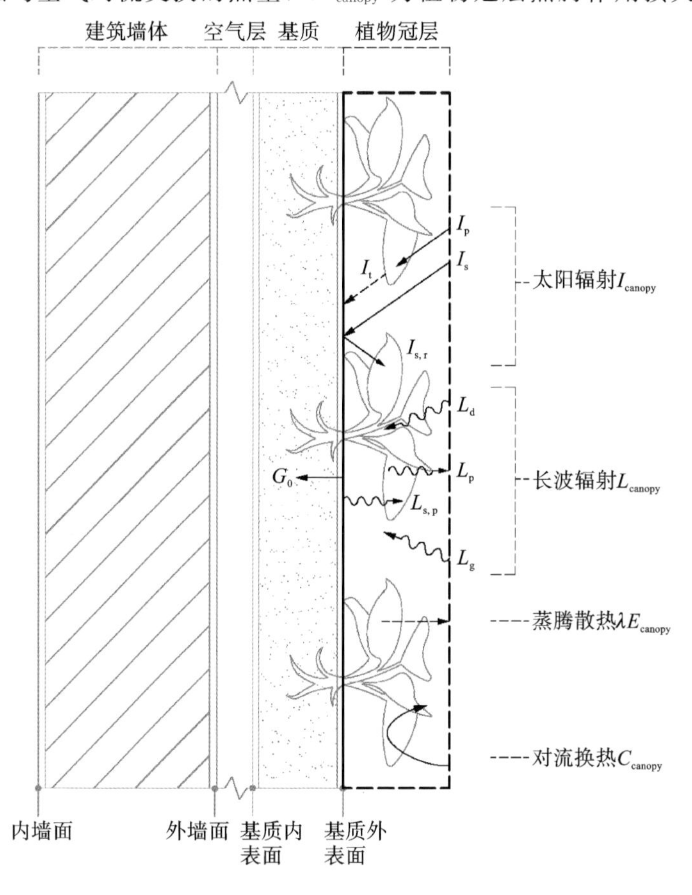

图 5-4　植物冠层和基质外表面热分析

能，G_0为进入（或流出）基质表面的净热量。

可见，要建立叶片和植物冠层的热工模型，需对太阳辐射、长波辐射、对流换热和蒸腾作用进行模拟。下面对这四种热交换情况逐一进行分析。

二、太阳辐射

要计算被植物吸收的太阳辐射量，需考虑叶片对太阳辐射的吸收率以及垂直面上获得的总太阳辐射照度。植物叶片对光谱的吸收率、透射率和反射率根据波长而变化。许多植物叶片仅吸收约50%的太阳辐射，其中包括约85%的可见光和15%的近红外光。叶片对绿色光的吸收能力下降，因此叶片大多为绿色。叶片还可自动调节太阳辐射吸收量的大小。在光照强度大、缺水条件下，多种灌木可以通过减小叶片张角的方式减少中午高温时的入射短波辐射（图5-5），或通过叶片的运动使叶片与太阳辐射保持垂直，以最大限度地获得热量。

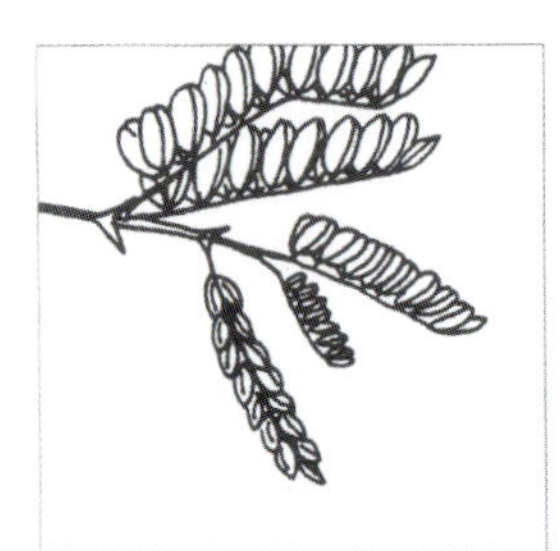

强光，关闭状态

弱光，展开状态

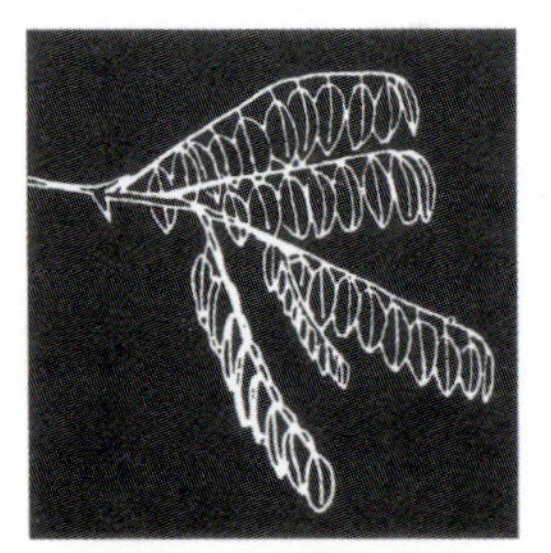

夜晚，“睡眠”状态

图5-5　叶片随阳光调节角度

（图片来源：《建筑与太阳能——可持续建筑的发展演变》）

（一）单一叶片吸收的太阳辐射

单一叶片吸收的太阳辐射公式为

$$I_{leaf} = \alpha I_v = 0.5 I_v \tag{5.3}$$

其中，α为叶片太阳辐射吸收率（%）；

I_v为垂直面上总太阳辐射照度（W/m^2）。

(二) 植物冠层吸收的太阳辐射

植物冠层的结构由叶片大小、形状、方向和密集程度决定。太阳光到达植物冠层后，一部分被叶片拦截(I_p)，一部分从叶片之间的缝隙不受拦截地到达基质外表面(I_s)，一部分被叶片透射后以一定衰减比例到达基质外表面(I_t)，还有一部分被叶片反射回室外环境。另外，基质外表面也可以反射一部分太阳辐射到叶片上($I_{s,r}$)。

设太阳光不受叶片拦截的通过比例为 τ_b ，则被叶片拦截到的太阳辐射为

$$I_p = (1-\tau_b) I_v \tag{5.4}$$

不被叶片拦截、直接到达基质外表面的太阳辐射为

$$I_s = \tau_b I_v \tag{5.5}$$

τ_b 可由植物冠层的消光系数得出

$$\tau_b = \exp(-K_b L) \tag{5.6}$$

其中，K_b 为植物冠层对直射光的消光系数；

L 为叶面积指数[①]。

而植物冠层的消光系数与叶片结构有关，并随太阳高度角而变化：

$$K_b = \frac{\sqrt{p^2+\tan^2\beta}}{p+1.774\,(p+1.182)^{-0.733}} \tag{5.7}$$

其中，β 为太阳高度角。

式(5.7)中，参数 p 为植物冠层所有叶片的面积投射到水平面和垂直面的比例。若叶片全部垂直分布，$p=0$；若叶片全部水平分布，p 趋于无穷大；若叶片为球体分布，$p=1$。通常取 $p=1$ 是对植物冠层较真实的估计，但由于本书所研究的植物冠层是垂直于地面放置，不是水平的，其值应取 0 到 1，近似取为 0.5，因此：

$$K_b = \frac{\sqrt{0.25+\tan^2\beta}}{0.5+1.774\times(0.5+1.182)^{-0.733}} = \frac{\sqrt{0.25+\tan^2\beta}}{1.71} \tag{5.8}$$

被植物冠层透射的太阳辐射分直射光和散射光两种情况。

---

① 叶面积指数(leaf area index)是指单位土地面积上植物叶片总面积与土地面积的比例，即叶面积指数＝叶片总面积/土地面积。

①直射光的透射比例为

$$\tau_{bt} = \exp(-\sqrt{0.5}\, K_b L) \tag{5.9}$$

②散射光的透射比例为

$$\tau_d = \exp(-\sqrt{0.5}\, K_d L) \tag{5.10}$$

其中，K_d 为植物冠层对散射光的消光系数，当 $p = 0.5$ 时，$K_d = 0.66$[①]。被植物冠层透射的太阳辐射为

$$I_t = \tau_{bt} I_b + \tau_d (I_d + I_r) \tag{5.11}$$

I_b、I_d、I_r 为垂直面上的直接太阳辐射、散射太阳辐射和地面反射辐射。

被基质外表面反射的太阳辐射为

$$I_{s,r} = \rho_s (I_s + I_t) \tag{5.12}$$

ρ_s 为基质外表面对太阳辐射的反射率。

综上所述，植物冠层吸收的总太阳辐射为

$$\begin{aligned} I_{canopy} &= \alpha_d (I_p + I_{s,r}) \\ &= \alpha_d \{(1-\tau_b) I_v + \rho_s [\tau_b I_v + \tau_{bt} I_b + \tau_d (I_d + I_r)]\} \end{aligned} \tag{5.13}$$

(三) 垂直面上的总太阳辐射照度

太阳光通过几种不同的方式到达地球表面。当阳光穿过大气层时，一部分不受干扰直接到达地球表面，可投射出清晰的阴影，可被聚焦，这部分能量被称为直接太阳辐射；另一部分被尘埃粒子、水蒸气和云层吸收、散射或反射，这部分能量被称为散射太阳辐射。直接太阳辐射和散射太阳辐射的总和称为全球太阳辐射。全球太阳辐射被地面反射回大气层的部分，称为地面反射辐射。图 5-6 为地球表面的辐射示意图。到达大气外表面的太阳辐射称为太阳常数[②]。

由于地球的公转和自转作用，针对不同纬度的地点，每个时刻太阳的位置以及穿过大气层后到达地球表面的太阳辐射强度都是不同的。ASHRAE(美国采暖制冷与空调工程师学会)给出了太阳方位、直接太阳辐射、散射太

① Campbell G S, Norman J M. An introduction to environmental biophysics[M]. New York: Springer-Verlag New York, Inc., 1998.

② 在日地平均距离条件下，地球大气上界垂直于太阳光线的面上所接受的太阳辐射通量密度，单位为 W/m^2。

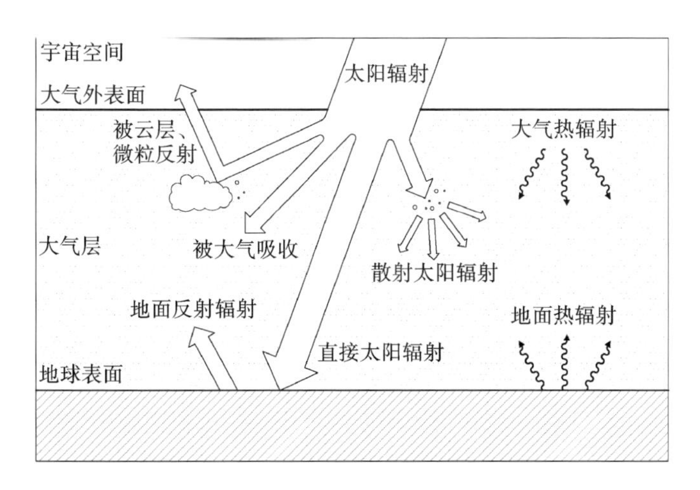

图 5-6　地球表面的辐射示意图

阳辐射和地面反射辐射的计算方法①。用此模型可计算出任一纬度地区在任意一天中不同时刻的太阳方位和水平面上的辐射强度，然后根据太阳方位和垂直面之间的相对位置，计算出垂直表面上的太阳辐射强度。

(1) 计算太阳方位角和辐射强度随时间的变化。

以武汉(北纬 30.62°、东经 114.13°)为例，对 7 月 26 日—7 月 27 日的 24 小时中每隔 30 分钟的太阳数据进行计算②，结果见表 5-1。表中第一列为地方时，第二列为地方时所对应的真太阳时。太阳在每个时刻所处的位置由太阳高度角 β 和太阳方位角 Φ 表示。直接太阳辐射 I_b^0 是与太阳光垂直的表面上的辐射强度。散射太阳辐射 I_d^0 和地面反射辐射 I_r^0 是水平面上的辐射强度。

(2) 计算垂直面获得的太阳辐射强度。

接下来需要将直接太阳辐射 I_b^0、散射太阳辐射 I_d^0 和地面反射辐射 I_r^0 转换成垂直面上的辐射强度。太阳和垂直面的相对位置如图 5-7 所示。太阳高度角 β 为日地连线 OQ 与水平面的夹角，太阳方位角 Φ 为日地连线 OQ 在

① 计算太阳辐射的模型有多种，ASHRAE 的计算方法考虑了太阳常数的变化，较为精确，适合建筑模拟使用。

② 计算方法来源于 ASHRAE 给出的计算方法。

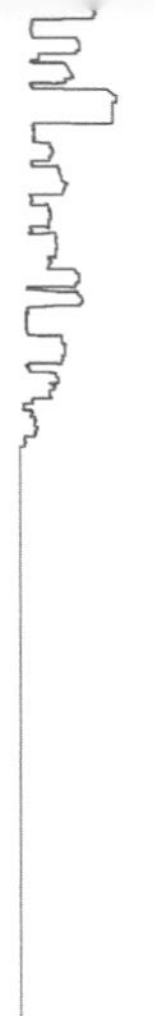

表 5-1　太阳方位角和垂直面总辐射随时间的变化

纬度	经度	太阳高度角	太阳方位角	直接太阳辐射	散射太阳辐射	地面反射辐射	垂直面总辐射
30.62°N	114.13°E	β/(°)	Φ/(°)	I_b^0/(W/m²)	I_d^0/(W/m²)	I_r^0/(W/m²)	I_v/(W/m²)
地方时	真太阳时						
8:00	7:29	28.38	−82.76	344	179	45	111.90
8:30	7:59	34.85	−86.05	408	211	58	134.14
9:00	8:29	41.34	−88.77	460	237	70	153.62
9:30	8:59	47.83	−86.04	502	259	82	170.41
10:00	9:29	54.29	−81.54	535	277	92	184.56
10:30	9:59	60.66	−75.84	561	291	101	196.12
11:00	10:29	66.84	−68.03	580	302	108	205.11
11:30	10:59	72.6	−56.03	593	309	114	211.55
12:00	11:29	77.3	−35.34	601	314	117	215.45
12:30	11:59	79.42	−1.28	603	315	118	216.80
13:00	12:29	77.55	33.49	601	314	117	287.13
13:30	12:59	72.96	54.99	593	310	114	354.38
14:00	13:29	67.24	67.39	581	302	109	412.95
14:30	13:59	61.08	75.4	562	292	102	459.78

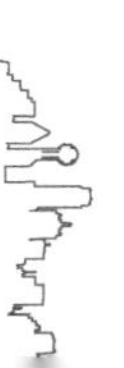

续表

纬度	经度	太阳 高度角	太阳 方位角	直接太 阳辐射	散射太 阳辐射	地面反 射辐射	垂直面 总辐射
15:00	14:29	54.72	81.21	537	278	93	491.89
15:30	14:59	48.26	85.77	504	260	83	506.35
16:00	15:29	41.77	88.78	463	239	71	500.36
16:30	15:59	35.28	86.26	412	212	59	471.24
17:00	16:29	28.81	82.98	349	182	45	416.61
17:30	16:59	22.39	79.73	271	145	32	334.89
18:00	17:29	16.03	76.46	178	103	20	227.26
18:30	17:59	9.76	73.11	77	56	9	104.90
19:00	18:29	3.61	69.61	6	12	2	12.98
19:30	18:59	−2.41	65.89	0	0	0	0.10
20:00	19:29	−8.24	61.87	0	0	0	0.00
20:30	19:59	−13.85	57.48	0	0	0	0.00
21:00	20:29	−19.18	52.63	0	0	0	0.00
21:30	20:59	−24.15	47.22	0	0	0	0.00
22:00	21:29	−28.68	41.15	0	0	0	0.00
22:30	21:59	−32.67	34.36	0	0	0	0.00
23:00	22:29	−35.98	26.78	0	0	0	0.00

续表

纬度	经度	太阳 高度角	太阳 方位角	直接太 阳辐射	散射太 阳辐射	地面反 射辐射	垂直面 总辐射
23:30	22:59	−38.48	18.47	0	0	0	0.00
0:00	23:29	−40.06	9.56	0	0	0	0.00
0:30	23:59	−40.62	0.31	0	0	0	0.00
1:00	0:29	−40.13	−8.95	0	0	0	0.00
1:30	0:59	−38.61	−17.89	0	0	0	0.00
2:00	1:29	−36.17	−26.25	0	0	0	0.00
2:30	1:59	−32.91	−33.87	0	0	0	0.00
3:00	2:29	−28.97	−40.72	0	0	0	0.00
3:30	2:59	−24.47	−46.84	0	0	0	0.00
4:00	3:29	−19.52	−52.29	0	0	0	0.00
4:30	3:59	−14.22	−57.18	0	0	0	0.00
5:00	4:29	−8.62	−61.59	0	0	0	0.00
5:30	4:59	−2.8	−65.63	0	0	0	0.26
6:00	5:29	3.2	−69.37	4	10	1	5.83
6:30	5:59	9.35	−72.88	71	53	8	30.43
7:00	6:29	15.61	−76.24	171	100	19	59.34
7:30	6:59	21.96	−79.51	265	142	81	86.90
8:00	7:29	28.38	−82.76	344	179	45	111.90

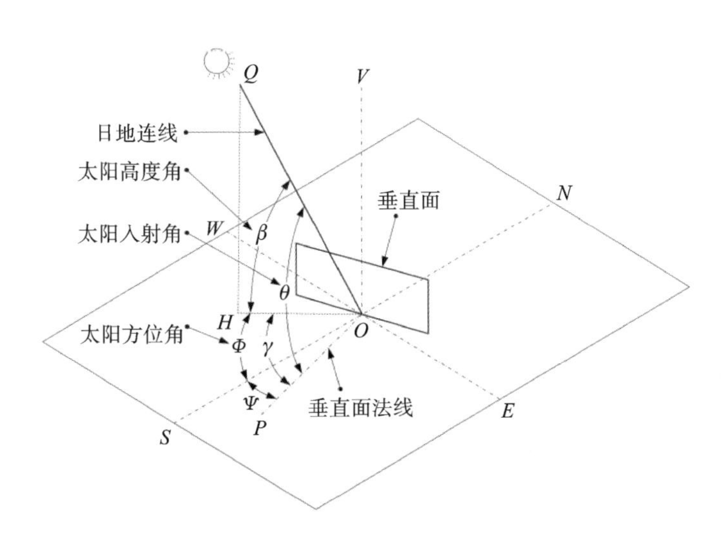

图 5-7　太阳和垂直面的相对位置

水平面上的投影 OH 与正南轴 OS 的夹角；垂直表面的方位角 Ψ 为与辐射表面垂直的线 OP 与正南轴 OS 的夹角。因此，太阳与辐射表面的相对方位角 $\gamma = \Phi - \Psi$ 。太阳入射角 θ 为日地连线 OQ 与 OP 的夹角。对于垂直面，θ 的计算方法为

$$\theta = \arccos(\cos\beta\cos\gamma) \tag{5.14}$$

求出太阳光对垂直面的入射角 θ 后，即可求得垂直面上的 3 种太阳辐射。

①直接太阳辐射：

$$I_{\mathrm{b}} = I_{\mathrm{b}}^{0}\cos\theta \tag{5.15}$$

当 $\cos\theta$ 为负值时，表示垂直表面没有受到阳光直射，此时 $I_{\mathrm{b}} = 0$ 。

②散射太阳辐射：

$$I_{\mathrm{d}} = \frac{1}{2} I_{\mathrm{d}}^{0} \tag{5.16}$$

③反射太阳辐射：

$$I_{\mathrm{r}} = \frac{1}{2}(I_{\mathrm{b}}^{0}\sin\beta + I_{\mathrm{d}}^{0})\rho_{\mathrm{g}} \tag{5.17}$$

ρ_{g} 为地面反射系数，对于普通场地通常取 0.2。本书研究的植物活墙位

于建筑物沥青屋顶上，因此沥青的地面反射系数取0.13[1]。

综上所述，垂直墙面受到的总太阳辐射为直接太阳辐射 I_b、散射太阳辐射 I_d 和地面反射辐射 I_r 之和：

$$I_v = I_b + I_d + I_r = I_b^0 \cos\theta + \frac{1}{2} I_d^0 + \frac{1}{2}(I_b^0 \sin\beta + I_d^0)\rho_g \tag{5.18}$$

I_v 计算结果见表5-1。

综上所述，根据太阳辐射数据（表5-1）、植物的太阳辐射吸收率以及冠层的叶面积指数等参数，通过公式(5.13)至公式(5.18)可得出植物冠层的太阳辐射量。

三、热辐射

一切温度高于绝对零度的物体都能产生热辐射，温度越高，辐射出的总能量就越大。地球表面吸收太阳辐射后温度升高，向外界作出的辐射称地面辐射。大气吸收地面辐射的同时，又以辐射的方式向外放射能量，称为大气辐射。由于地面和大气本身的温度低，放射的辐射能的波长较长，故为长波辐射。根据斯蒂芬-波尔兹曼定律(Stefan-Boltzmann law)，物体向外辐射的热能为

$$L = \varepsilon\sigma T^4 \tag{5.19}$$

ε 为物体的发射率，T 为物体的绝对温度，斯蒂芬-波尔兹曼常数 $\sigma = 5.67\times10^{-8}\ \mathrm{W/(m^2\cdot K^4)}$。

叶片吸收的总长波辐射量为

$$L_{leaf} = \alpha_L \varepsilon_d \sigma T_d^4 + \alpha_L \varepsilon_g \sigma T_g^4 - \alpha_L \varepsilon_l \sigma T_l^4 \tag{5.20}$$

吸收大气辐射为 L_d、地面辐射为 L_g，植物冠层自身向外发射辐射为 L_p，以及来自基质外表面的辐射为 $L_{s,p}$，则植物冠层吸收的总长波辐射量为

$$L_{canopy} = L_d + L_g - L_p + L_{s,p} \tag{5.21}$$

$$L_d = \phi F_d \alpha_L \sigma \varepsilon_d T_d^4$$

$$L_g = \phi F_g \alpha_L \sigma \varepsilon_g T_g^4$$

---

[1] 数据来源：Thevenard D, Haddad K. Ground reflectivity in the context of building energy simulation[J]. Energy and Buildings, 2006, 38(8): 972-980.

$$L_p = \phi F_s \varepsilon_P \sigma T_P^4$$

$$L_{s,p} = \varepsilon_0 \sigma (T_s^4 - T_p^4)$$

ϕ 为绿化覆盖率，即所有叶片在基质表面上的投影面积和基质表面积的比值。F_s、F_d、F_g 为垂直表面与球体视野、天空、地面之间的角系数；T_d、T_g、T_l、T_p、T_s 为天空、地面、叶片、植物冠层、基质表面的热力学温度。其中，天空和地面的温度可近似取地面附近的空气温度；α_L 为植物冠层对长波辐射的吸收率；ε_l、ε_p、ε_s、ε_d 和 ε_g 为叶片、植物冠层、基质表面、天空和地面的辐射发射率；ε_0 为植物冠层和基质表面两者之间的系统辐射发射率。

（一）辐射发射率

根据克希荷夫定律（Kirchhoff's law），在一定波长、一定温度下，一个物体的系统辐射发射率等于该物体同温度、同波长的吸收率。叶片对长波辐射的吸收率为 0.94～0.99，因此：

$$\varepsilon_p = \alpha_L = 0.97$$

$$\varepsilon_s = \alpha_{L,s} = 0.78$$

植物冠层和基质表面之间的系统辐射发射率为

$$\varepsilon_0 = \frac{1}{\frac{1}{\varepsilon_p} + \frac{1}{\varepsilon_s} - 1} = 0.76$$

晴朗天气下大气的发射率为

$$\varepsilon_d = 9.2 \times 10^{-6}\ T_a^2 \tag{5.22}$$

T_a 为地表附近空气温度。

多云天气下的大气的辐射能力增强，Monteith 和 Unsworth 给出多云情况下大气发射率的估计方法：

$$\varepsilon_{dc} = (1 - 0.84C)\varepsilon_d + 0.84C \tag{5.23}$$

C 为天空被云层覆盖的比例。

地面发射率 ε_g 由其材质决定，本书研究的植物活墙所处地面为沥青屋面，其辐射发射率为 0.93①。

① 数据来源于 ASHRAE。

（二）角系数

角系数为一个表面发射出的辐射被另一表面拦截到的部分，它反映了相互辐射的不同物体之间的几何形状与位置关系。植物冠层外表面对天空和地面的角系数为 $F_d = F_g = 0.5$ 。而植物冠层的外表面和内表面都在向外发射辐射，故 $F_s = 1$ ，如图 5-8 所示。

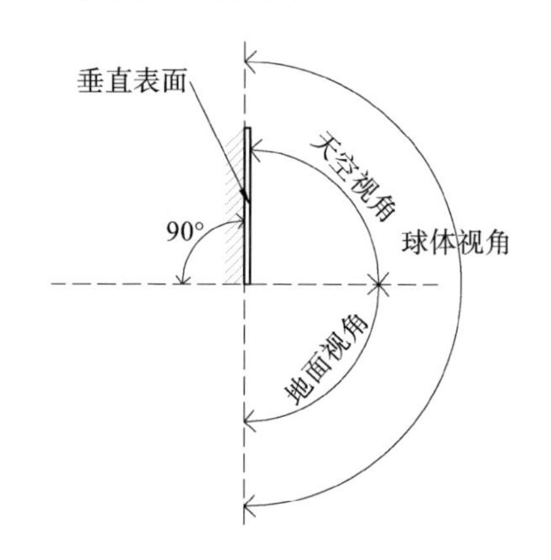

图 5-8　垂直表面的角系数

（图片来源：作者自绘）

（三）对流换热

当白天在阳光照射的情况下，叶片温度一般高于空气温度，对流换热强度为负值，表示叶片向空气损失热量。反之，在夜晚或者位于遮阴处时，叶片温度低于空气温度，对流换热强度为正值，叶片向空气吸收热量。空气通过叶片时的运动方式见图 5-9（箭头表示空气的速度和方向）。当空气经过叶面时，出现一个平流层（直线箭头）和一个涡流区域。

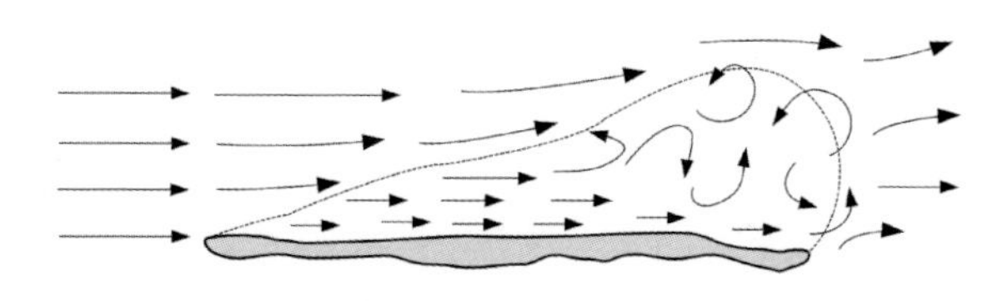

图 5-9　平流气体通过叶面的示意图

（图片来源：*Biophysical Plant Physiology and Ecology*）

叶片与周围空气进行对流换热，对流换热强度与叶片和空气的温度差成正比：

$$C_p = g_{ah}(T_a - T_p) \tag{5.24}$$

其中，T_a、T_p 为空气和叶片的温度；

g_{ah} 为叶片边界层的热传导率，与 CO_2 和 H_2O 的扩散导率成正比。

$$g_{ah} = 1.4 \times 0.135 \sqrt{u/d} \tag{5.25}$$

其中，u 为风速大小；

d 为叶片特征宽度（d=0.72×叶片宽度）。

（四）蒸腾作用

叶片与环境进行水汽交换可显著影响叶片的能量状态。水的汽化潜热 λ 在 20 ℃时为 2450 J/g，故蒸发液态水需要消耗大量能量。当白天叶片发生蒸腾作用时，换热量为负值；当夜间水汽在叶表面凝结时，换热量为正值。在静止的空气和强辐射条件下，水汽扩散导率小但面积大的叶片可通过强烈的蒸腾作用将叶片温度下降 30 ℃，而水汽扩散导率大的叶片温度的变化可能小于 5 ℃。

著名的 Penman-Monteith 蒸发模型假定植物冠层为一个湿润的“大叶”表面，简化估算它的蒸发量，也称为单层模型。刘绍民对四种计算蒸散量的模型与实测数据进行了分析比较，结果显示：Penman-Monteith 模型有最小的相对误差和均方差，以及最大的相关系数和一致性指数，且模型稳定性较好。

叶片蒸腾作用损失的潜热能为

$$L_l = \frac{s(I_{leaf} + L_{leaf}) + \gamma^* \lambda g_v D/p_a}{s + \gamma^*} \tag{5.26}$$

植物冠层蒸腾作用损失的潜热能为

$$L_p = \frac{s(I_{canopy} + L_{canopy} - G_0) + \gamma^* \lambda g_v D/p_a}{s + \gamma^*} \tag{5.27}$$

其中，g_v 为叶片水汽扩散导率[mol/(m^2·s)]；

D 为饱和水汽压差（kPa），指某一给定空气温度时的饱和水汽压和实际水汽压的差额，是反映空气湿度的一个参数，也是植被蒸散的主要驱动因素之一；

p_a 为大气压；

s 为饱和水汽摩尔分数（1/℃）；

γ^* 为干湿表常数（1/℃）。

(五) 进入(或流出)基质表面的净热流量

有植被覆盖的土层表面的热流量通常比能量平衡方程中的其他项(太阳辐射、长波辐射、蒸腾潜热等)小几个数量级,在无测量数据时,计算中通常忽略此项或进行估算。Kasahara 和 Washington 提供了估算土层表面热流量的经验公式:

$$G_0 = \frac{1}{3} C_p \tag{5.28}$$

其中,C_p 为与空气对流交换的显热能(W/m^2)。

1. 叶片温度计算

Campell 将式(5.1)中各组成项进行推演后得出了由空气温度、辐射强度、风速和蒸汽压差等环境因素即可得出叶片温度的公式:

$$T_{leaf} = T_a + \frac{\gamma^*}{s+\gamma^*}\left(\frac{I_{leaf}+L_{leaf}}{c_p\, g_{Hr}} - \frac{D}{p_a\, \gamma^*}\right) \tag{5.29}$$

其中,T_a 为空气温度;

I_{leaf} 为叶片吸收的太阳辐射量;

L_{leaf} 为叶片吸收的长波辐射量;

c_p 为空气的定压比热[J/(mol・℃)];

g_{Hr} 为对流辐射传导率。

$$s = \Delta / p_a \tag{5.30}$$

其中,Δ 为饱和水汽压力函数(kPa/℃)。

$$\gamma^* = \gamma g_{Hr} / g_v \tag{5.31}$$

$$g_{Hr} = g_{Ha} + g_r \tag{5.32}$$

$$g_{Ha} = 1.4 \times 0.135 \sqrt{u/0.7d} \tag{5.33}$$

其中,γ 为热力干湿表常数(6.66×10^{-4} ℃$^{-1}$);

g_{Ha} 为边界层热导率[$mol/(m^2 \cdot s)$];

g_r 为辐射传导率[$mol/(m^2 \cdot s)$];

u 为风速(m/s);

d 为叶片宽度(m)。

2. 基质外表面温度计算

经过上文的分析,植物冠层的能量平衡方程公式(5.2)可改写为

$$\alpha_d\{(1-\tau_p)I_v + \rho_s[\tau_b I_v + \tau_{bt} I_d + \tau_d(I_d + I_r)]\} +$$

$$\{0.485\sigma\phi(\varepsilon_d T_d^4+\varepsilon_g T_g^4-T_p^4)+\varepsilon_0\sigma[(T_s/100)^4-(T_p/100)^4]\}+$$

$$g_{ah}(T_a-T_p)-\frac{s(R_{abs}-\varepsilon_s\sigma T_a^4-G)+\dfrac{\gamma^* \lambda g_v D}{p_a}}{s+\gamma^*}=G_0 \qquad (5.34)$$

将已求得的太阳辐射量、大气和地面辐射数据、植物冠层物理参数以及叶片温度数据代入，即可求解基质外表面温度 T_s。

四、生长基质的热工指标

植物活墙植物的生长基质为沙、黏土、泥炭、砾石等材料的混合介质，其热工指标(传热系数、热容量和热扩散率)会随含水量的变化而变化。由于灌溉系统会在每天固定时刻向基质内注水，而植物的根部随时都在吸收基质中的水分，因此基质含水量是随时间变化的。本节首先模拟基质含水量的变化趋势，然后建立其热工指标与含水量的关系。

(一) 含水量

基质含水量为

$$\phi_w=\frac{W_s}{V_s} \qquad (5.35)$$

其中，W_s 为基质中水分的体积(m^3)；

V_s 为基质总体积(m^3)。

浇灌到植物活墙基质中的水通过四种途径流失，即被基质吸收、被植物根系吸收并用于蒸腾作用、从基质表面蒸发、从种植盒底部流出。

因此，基质中水分含量的平衡方程为

$$W_s=W_i-W_e-W_p-W_f \qquad (5.36)$$

其中，W_i 为灌溉给水量(m^3)；

W_e 为排水量(m^3)；

W_p 为植物冠层水分蒸腾量(m^3)；

W_f 为基质表面水分蒸发量(m^3)。

(二) 植物冠层水分蒸腾量

植物冠层失去的水量为

$$W_p=18\times10^{-6}E_pA\Delta t \qquad (5.37)$$

其中，E_p 为蒸腾速度[$mol/(m^2\cdot s)$]；

A 为总面积(m^2);

Δt 为单位时间(s)。

前文中已对植物冠层的蒸腾作用进行了模拟,由公式(5.27)可求得植物冠层的蒸腾散热量 L_p,因此,植物冠层的蒸腾速度为

$$E_p = \frac{L_p}{\lambda} \tag{5.38}$$

λ 为水的汽化潜热,在标准大气压(101.325 kPa)下为 40.8 kJ/mol。

(三)基质表面的水分蒸发

基质表面的水分蒸发分为以下两种情况。

(1)基质无其他材料覆盖,按 100%基质面积计算其水分蒸发量。

(2)基质被其他材料(塑料、不锈钢、毛毡、无纺布等)覆盖,则被覆盖部分蒸发量记为零,按暴露的基质面积计算其水分蒸发量。

Campbell 通过对不同土壤材质的实验研究得出:土壤表面水分蒸发的速度变化分为两个阶段,第一阶段蒸发速度恒定,当土壤表面变干时进入第二阶段,蒸发速度开始降低。当土壤材质为沃土①时,第一阶段的蒸发速度为 0.13~0.21 mm/hr,第二阶段从 48~120 小时后才开始②。由于植物活墙基质的组成与沃土最为接近,故本书按沃土特性对基质的热工指标取值。植物活墙每 24 小时即被重复浇灌,可认为基质表面的蒸发速度一直处于第一恒速阶段,取 0.17 mm/hr,即 0.00017 m/hr。因此基质表面的蒸发量为

$$E_s = 0.00017 \times a\% A \Delta t \tag{5.39}$$

$a\%$ 为暴露的基质面积比例。

(四)体积热容量

假设植物活墙基质有以下特性:各向同性、均一;含水量不随水平方向的深度变化。其体积热容量 W_s 为各组成部分进行权重后的总和:

$$\rho_s c_s = \phi_m \rho_m c_m + \phi_w \rho_w c_w + \phi_n \rho_n c_n + \cdots \tag{5.40}$$

ϕ、c、ρ 分别为材料所占体积分数、比热容和密度,下标 w、m、n 代表水、矿物质和有机物。

---

① 沃土:含有沙、黏土和有机物的土壤。

② Campbell G S, Norman J M. An introduction to environmental biophysics[M]. New York: Springer-Verlag New York, Inc., 1998:138.

水的比热容大于其他常见材质，因此土壤中水分含量越高，总体比热容就越高。图 5-10 为 Campell 用此方法计算出的四种常见土壤的热特性关系图，虚线所示为沃土（基质），其体积热容量与含水量的关系函数为

$$\rho_s c_s = 4\phi_w + 1.2 \tag{5.41}$$

可见，含水量越高，基质的体积热容量越高。

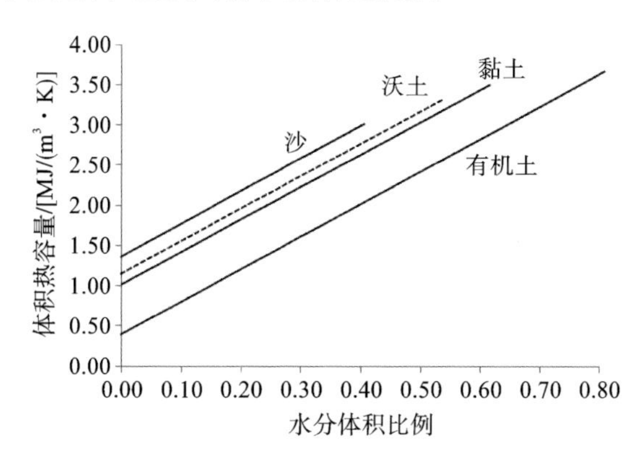

图 5-10　土壤的热特性关系图

（五）传热系数

Becker 的研究指出，土壤的传热系数随其含水饱和度的升高而升高，分三个阶段：在低饱和度时，水分首先覆盖土壤颗粒，颗粒之间的间隙还没被水分填充，因而土壤传热系数缓慢升高；当水分含量继续升高时，颗粒之间的空隙开始被填充，这可增加颗粒之间的传热作用，使土壤传热系数快速增加；最后，当所有的空隙被填充，进一步增加的水分不再增加传热作用，此时土壤传热系数不明显增加。图 5-11 为几种土壤的传热系数与其含水量的关系。

（六）热扩散率

热扩散率为传热系数和体积热容量的比值。

$$a_s = \frac{k_s}{\rho_s c_s} \tag{5.42}$$

其中，k_s 为传热系数；

$\rho_s c_s$ 为体积热容量。

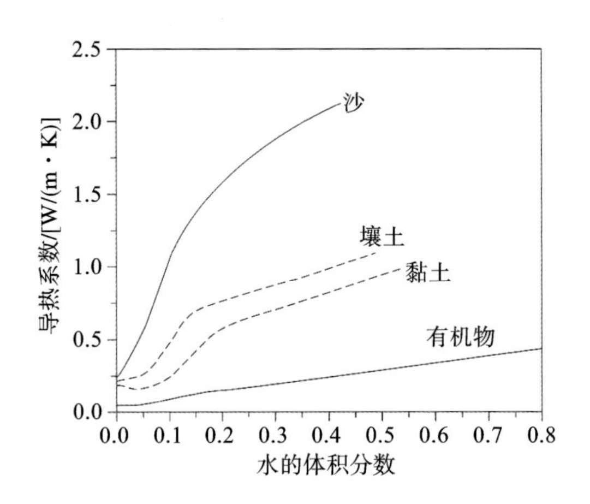

图 5-11　土壤传热系数与其含水量的关系[①]

图 5-12 为土壤热扩散率与其含水量的关系。

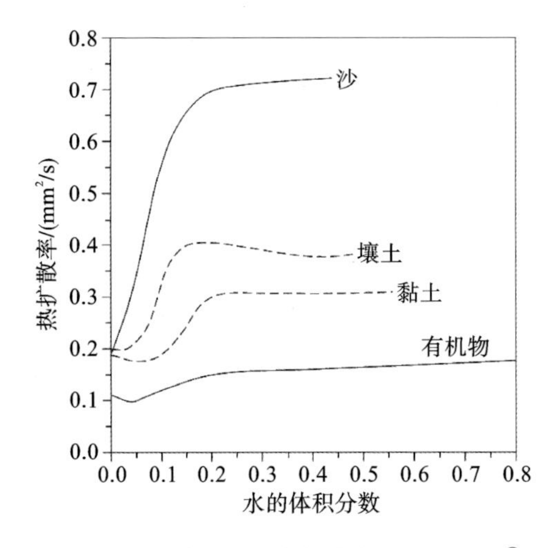

图 5-12　土壤热扩散率与其含水量的关系[②]

① Campbell G S, Norman J M. An introduction to environmental biophysics[M]. New York: Springer-Verlag New York, Inc., 1998: 122.

② Campbell G S, Norman J M. An introduction to environmental biophysics[M]. New York: Springer-Verlag New York, Inc., 1998: 24.

五、传热模型

本书这里对第六章实验二中使用的两种植物活墙和建筑墙体建立传热模型，将“封闭 3 cm 空气层”和“开敞 3 cm 空气层”的植物活墙分别与无植物活墙的裸露建筑墙体进行计算及对比，如图 5-13 所示。

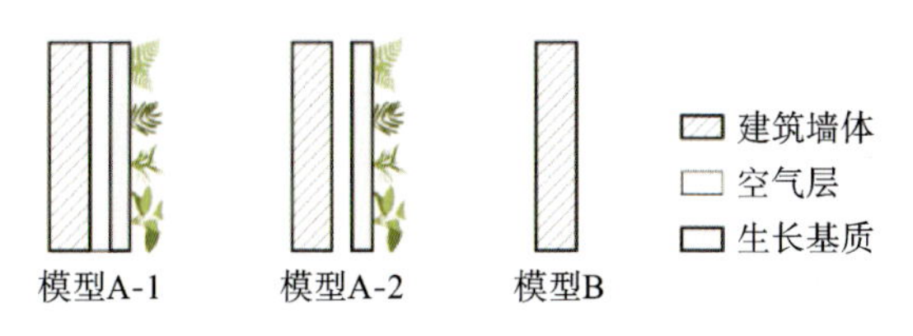

图 5-13　传热模型

在室外温度随时间波动，室内温度由于空调作用保持定值的情况下，墙体的传热过程为一维非稳态传热。本书采用有限差分数值方法求解植物活墙的传热问题。

（一）模型建立

模型 A-1：植物活墙 ＋ 封闭空气层 ＋ 建筑墙体

（二）网格划分

由于墙面高度和宽度远大于其厚度，空气层封闭且厚度较小，可将植物活墙、封闭空气层及建筑墙体认为是由多层平板结构组成，平板之间满足温度、热流连续性条件，如图 5-14 所示。将墙体沿传热方向分成若干个节点，每个节点之间位移变化为 Δx，墙体温度 $T(x,t)$ 是随时间 t 和传热方向上位移 x 而变化的二元函数，时间与空间的网格如图 5-15 表示。x 坐标分为 j 等份，t 坐标分成 m 等份，i 表示节点在 x 轴上的位置，n 表示节点所处时间位于 t 轴上的位置，网格上每个格点对应一个温度值。

（三）导热方程

墙体非稳态导热微分方程为

$$\frac{\partial T_i}{\partial t}=a_i\frac{\partial^2 T_i}{\partial x^2},(i=1,2,3,\cdots) \tag{5.43}$$

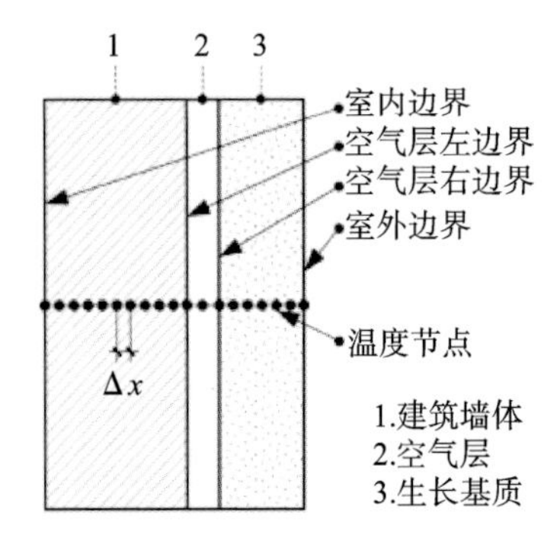

图 5-14　模型 A-1 结构示意

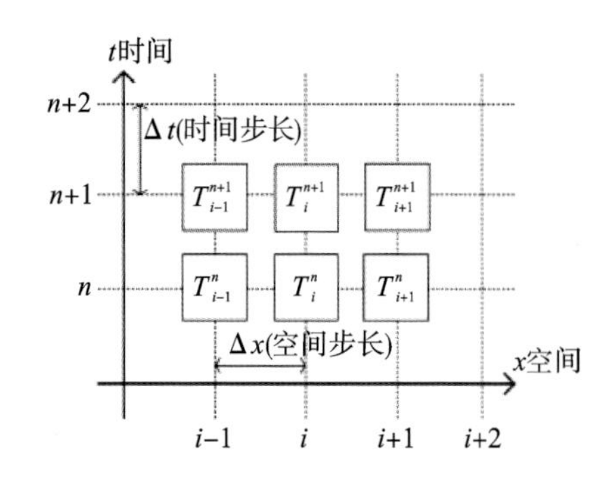

图 5-15　时间与空间的网格

$$a_i = \frac{\lambda_i}{\rho_i C_i} \tag{5.44}$$

其中，T_i 为节点温度(K)；

t 为时间(s)；

x 为位移(m)；

a_i 为墙体各层结构的热扩散率(m^2/s)；

λ_i 为材质导热系数[W/(m·K)]；

ρ_i 为材质密度(kg/m^3)；

C_i 为材质比热容[J/(kg·K)]。

(四) 边界条件

(1) 室内边界满足第三类边界条件，即室内空气温度和墙面对流换热系数已知：

$$-\lambda_1 \frac{\partial T_1(0,t)}{\partial x} = h_1 [T_{\infty 1} - T_1(0,t)] \tag{5.45}$$

其中，λ_1 为第一层墙体材料的导热系数[W/(m·K)]；

$T_1(0,t)$ 为内界面节点温度(K)；

h_1 为内界面对流换热系数，$h_1 = 8.7\ W/(m^2 \cdot K)$①；

$T_{\infty 1}$ 为室内气温(K)。

(2) 室外边界满足第一类边界条件，即外界面温度已知：

---

① 刘加平. 建筑物理[M]. 北京：中国建筑工业出版社，2009：25.

$$\frac{\partial T}{\partial x}(x,t)\big|_{x=\delta}=T_s(t) \tag{5.46}$$

其中，$T_s(t)$ 为外界面(即生长基质外表面)的温度(K)。

(3) 空气层左、右边界条件为：

$$-\lambda_1\frac{\partial T_i(0,t)}{\partial x}=h_2[T_f-T_i(0,t)] \tag{5.47}$$

$$-\lambda_3\frac{\partial T_i(0,t)}{\partial x}=h_2[T_f-T_i(0,t)] \tag{5.48}$$

其中，λ_3 为第三层墙体材料的导热系数[W/(m·K)]；

h_2 为空气层对流换热系数[W/(m^2·K)]；

T_f 为空气层定性温度(K)。

(五) 初始条件

使用实验所测某时刻的温度值作为初始温度进行计算。

(六) 差分方程

使用 Crank-Nicolson 差分格式对方程进行离散化处理。Crank-Nicolson 格式是一种隐式格式，要用到后一时间层的节点值循环迭代求解，其精度与稳定性都强于显式格式。由于此方法是无条件稳定的，因此 Δx 和 Δt 可以任意取值。

令 $r_i=\dfrac{\Delta t\, a_i}{(\Delta x)^2}$，得：

①墙体材料内部节点差分方程

$$T_i^{n+1}=\frac{1-r}{1+r}T_i^n+\frac{r}{2(1+r)}(T_{i+1}^{n+1}+T_{i-1}^{n+1}+T_{i+1}^n+T_{i-1}^n) \tag{5.49}$$

②内墙面节点差分方程

$$[1+2r_1(1+\mathrm{Bi}_1)]T_i^{n+1}-2r_1T_{i-1}^{n+1}=T_i^n+2r_1\mathrm{Bi}_1T_{\infty 1} \tag{5.50}$$

③空气层左边界差分方程

$$[1+2r_2(1+\mathrm{Bi}_2)]T_i^{n+1}-2r_2T_{i-1}^{n+1}=T_i^n+2r_2\mathrm{Bi}_2T_f \tag{5.51}$$

④空气层右边界差分方程

$$[1+2r_3(1+\mathrm{Bi}_3)]T_i^{n+1}-2r_3T_{i-1}^{n+1}=T_i^n+2r_3\mathrm{Bi}_3T_f \tag{5.52}$$

其中，Bi_1、Bi_2、Bi_3 为室内边界、空气层左边界和空气层右边界上的毕渥准则数，由 $\mathrm{Bi}_i = \dfrac{h_i \Delta x}{\lambda_i}$ 计算；

T_f 为空气层定性温度，$T_f = 1/2(t_{w1} + t_{w2})$，$t_{w1}$、$t_{w2}$ 为空气层左边界和右边界的温度。

公式(5.49)至公式(5.52)为关于 T_i^{n+1} 的迭代公式。T_i^{n+1} 除了与已知的温度值 T_{i-1}^n、T_i^n 和 T_{i+1}^n 有关外，还与 T_{i+1}^{n+1} 或 T_{i-1}^{n+1}（未知）有关，为五点隐式格式，使用循环迭代计算求解，即可得出墙体温度分布场。

（七）模型 A-2：植物活墙 + 开敞空气层 + 建筑墙体

当空气层开敞时，在植物活墙、建筑墙面以及空气层三者之间，对流、辐射和导热现象同时存在。空气层内部风速由实验测得，全天小于 0.1 m/s，故空气层与墙面发生的对流为垂直表面上的“自然对流”。模型 A-2 结构示意如图 5-16 所示。

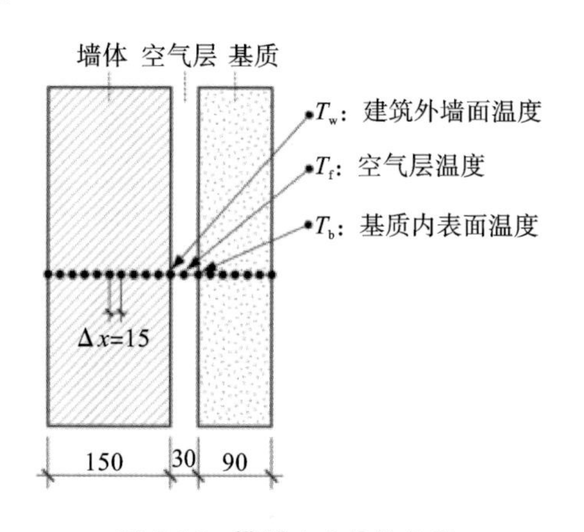

图 5-16　模型 A-2 结构示意

建筑外墙面主要参与两种热交换：与空气层的对流换热、与植物活墙背面的辐射换热。在辐射和对流同时发生的情况下，对流和辐射热流量是彼此独立的，可以分别计算并简单地合计起来。通过外墙体的净热量为对流和辐射换热量的总和。

对流换热是空气沿围护结构表面流动时，与壁面发生的热交换过程。根据牛顿冷却定律，对流换热强度为

$$q_c = h_c(T_f - T_w) \tag{5.53}$$

其中，h_c 为自然对流换热系数；T_f、T_w 为空气层与建筑外墙面的热力学温度。

$$h_c = 2.0 \times \sqrt[4]{(T_f - T_w)} \tag{5.54}$$

两块面积相等的平行表面间辐射换热强度为

$$q_r = \varepsilon_r \sigma \left[\left(\frac{T_b}{100} \right)^4 - \left(\frac{T_w}{100} \right)^4 \right] \tag{5.55}$$

其中，ε_r 为系统发射率；

T_b、T_w 为植物活墙背面和建筑外墙面的热力学温度。

外墙面综合传热强度 q 为对流换热量和辐射换热量的总和：

$$q = q_c + q_r = 2.0 \times (T_f - T_w) \times \sqrt[4]{(T_f - T_w)} + \varepsilon_r \sigma \left[\left(\frac{T_b}{100} \right)^4 - \left(\frac{T_w}{100} \right)^4 \right] \tag{5.56}$$

模型 A-2 的室内边界和室外边界与模型 A-1 一样，但空气层的左右边界条件发生了变化。

空气层左边界条件为：

$$-\lambda_1 \frac{\partial T_w(0,t)}{\partial x} = 2.0 \times (T_f - T_w) \times \sqrt[4]{(T_f - T_w)} + \varepsilon_r \sigma \left[\left(\frac{T_b}{100} \right)^4 - \left(\frac{T_w}{100} \right)^4 \right] \tag{5.57}$$

空气层右边界条件为：

$$-\lambda_3 \frac{\partial T_b(0,t)}{\partial x} = 2.0 \times (T_f - T_b) \times \sqrt[4]{(T_f - T_b)} + \varepsilon_r \sigma \left[\left(\frac{T_w}{100} \right)^4 - \left(\frac{T_b}{100} \right)^4 \right] \tag{5.58}$$

若空气层温度 T_f 已知，可将建筑墙体和植物活墙基质看成两个单独的部分分别进行差分计算，得出建筑墙体的温度分布；若 T_f 未知，则无法求解。由于开敞的空气层受外界环境气温影响较大，会发生周期性变化，本书目前还无法对空气层温度做出科学合理的取值，故不对此模型进行求解。本书的后续研究将通过空气层温度的实验测量值形成可对其计算的经验公式，以期完成这类植物活墙的传热求解。

（八）模型 B：建筑墙体

无植物活墙时，只需计算建筑墙体的传热过程，其结构如图 5-17 所示。

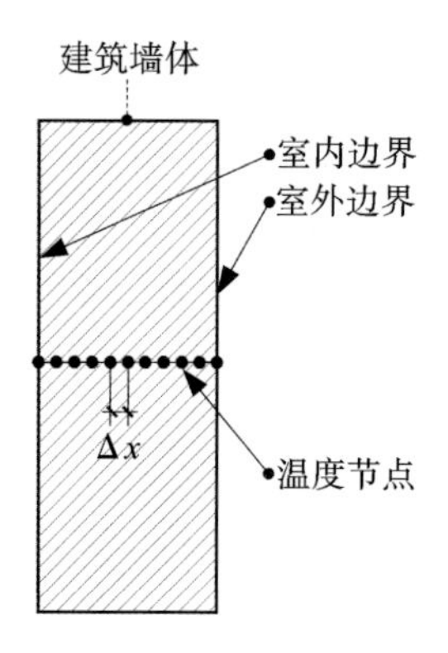

图 5-17　墙体结构示意

非稳态导热微分方程为

$$\frac{\partial T_i}{\partial t} = a_i \frac{\partial^2 T_i}{\partial x^2} \quad (i = 1,2,3,\cdots) \tag{5.59}$$

$$a_i = \frac{\lambda_i}{\rho_i C_i} \tag{5.60}$$

室内边界满足第三类边界条件，即室内温度和内墙面对流换热系数已知：

$$-\lambda_1 \frac{\partial T(0,t)}{\partial x} = h_1[T_{\infty 1} - T(0,t)] \tag{5.61}$$

室外边界也满足第三类边界条件，即室外温度和外墙面对流换热系数已知：

$$-\lambda_j \frac{\partial T(0,t)}{\partial x} = h_3[T_{\infty 2} - T(0,t)] \tag{5.62}$$

其中，$T_{\infty 2}$ 为室外综合温度①(K)；

h_3 为外墙面对流换热系数[W/(m^2 · K)]，夏季为 19 W/(m^2 · K)、冬季为 23 W/(m^2 · K)②。

室外综合温度计算方法为

$$T_{\infty 2} = T_e + \frac{\rho_s I}{h_3} - T_{lr} \tag{5.63}$$

---

① 室外综合温度即考虑了室外空气、太阳短波辐射和外墙面有效长波辐射的共同作用的综合参数，见：刘加平. 建筑物理[M]. 北京：中国建筑工业出版社，2009.

② 刘加平. 建筑物理[M]. 北京：中国建筑工业出版社，2009：26.

其中，$T_{\infty 2}$ 为室外综合温度(℃)；

T_e 为室外气温(℃)；

ρ_s 为外墙面对太阳辐射的吸收系数，彩钢板外墙面的 ρ_s 为 0.25 ①；

T_{lr} 为外墙面有效长波辐射温度(℃)，取 1.8 ℃②；

I 为太阳辐射照度(W/m^2)；

h_3 为外表面换热系数[$W/(m^2 \cdot K)$]。

①材料内部节点差分方程：

$$T_i^{n+1} = \frac{1-r}{1+r} T_i^n + \frac{r}{2(1+r)} (T_{i+1}^{n+1} + T_{i-1}^{n+1} + T_{i+1}^n + T_{i-1}^n) \quad (5.64)$$

②内墙面节点差分方程：

$$[1 + 2r_1(1 + \mathrm{Bi}_1)] T_i^{n+1} - 2r_1 T_{i-1}^{n+1} = T_i^n + 2r_1 \mathrm{Bi}_1 T_{\infty 1} \quad (5.65)$$

③外墙面节点差分方程：

$$[1 + 2r_j(1 + \mathrm{Bi}_3)] T_i^{n+1} - 2r_j T_{i-1}^{n+1} = T_i^n + 2r_j \mathrm{Bi}_3 T_{\infty 2} \quad (5.66)$$

使用循环迭代计算求解公式(5.64)至公式(5.66)即可得出墙体温度分布场。

(九) 能耗计算

1. 计算热流密度

由节点的数值模型求得墙体温度分布后，通过建筑墙体的热流密度即可求出：

$$q = \frac{T_e - T_i}{R_0} \quad (5.67)$$

其中，T_e、T_i 为墙体外表面、内表面温度(K)；

R_0 为墙体总热阻[$(m^2 \cdot K)/W$]。

2. 计算传热量

有植物活墙时，建筑外墙 24 小时的传热量为：

$$Q_a = A\Delta t \sum_{t=0}^{24} q_a(t) \quad (t = 0, 30\ \text{min}, 60\ \text{min}, 90\ \text{min} \cdots) \quad (5.68)$$

① 数据来源于 ASHRAE。

② 刘加平. 建筑物理[M]. 北京：中国建筑工业出版社，2009：82.

其中，A 为墙体面积(m^2)；

Δt 为时间步长。

无植物活墙时，建筑外墙 24 小时的传热量为：

$$Q_b = A\Delta t \sum_{t=0}^{24} q_b(t) \quad (t = 0, 30\ \text{min}, 60\ \text{min}, 90\ \text{min} \cdots) \tag{5.69}$$

3. 计算植物活墙节能量

对建筑室内空间而言，维持室内空气热湿参数在一定要求范围内时，在单位时间内需要从室内除去(或加入)的热量为空调的负荷。

空调负荷＝外墙传热量＋用电设备散热量＋照明散热量＋人体散热量＋通风散热量

在室内设备、照明和通风条件、逗留人数相同的情况下，建筑墙体在有植物活墙和无植物活墙两种情况下传热量的差值即为空调负荷的差值：

$$\Delta Q = Q_b - Q_a = A\Delta t \sum_{t=0}^{24} [q_a(t) - q_b(t)] \tag{5.70}$$

由公式(5.67)分别算出建筑墙体在有植物活墙和无植物活墙时的热流密度 $q_a(t)$ 和 $q_b(t)$，植物活墙带来的节能量 ΔQ 即可由公式(5.70)得出。

本书这里通过对植物活墙受热、传热的理论分析，推导出可模拟植物活墙与建筑墙体传热过程的数值模型。模型的建立包括对植物活墙各组成部分进行的能量交换及能量平衡分析：植物冠层和基质表面所受的太阳辐射和长波辐射、与外界空气进行的对流换热、植物叶片的蒸腾作用以及基质表面的蒸发作用。得出植物冠层和基质表面温度随外界环境因素变化的计算结果后，使用有限差分法的 Crank-Nicolson 差分格式求解植物活墙和建筑墙体的一维非稳态微分传热方程，即可得出墙体内部温度分布及内墙面热流分布。

该模型对植物活墙的传热过程进行分解计算，可得出在给定气候环境下、给定参数的植物活墙对建筑墙体温度和热流分布的影响，从而得出植物活墙带来的节能量。

第六章　节能实测与模拟

实测实验是定量了解植物活墙热工性能的有效途径。作者针对夏热冬冷地区的气候特性和植物活墙的构造特点设计了三组对比实验，试图了解植物活墙在夏季和冬季的非适宜天气下对建筑墙体的隔热和保温性能，以及在改变了植物活墙的构造后，植物活墙热工性能发生的变化。

一、实验研究

(一) 气候条件

实验地武汉属于夏热冬冷气候区。根据中国气象局国家气象信息中心1951—2014年的数据统计(表6-1)，武汉最热的7—9月平均温度为23.6～29.0 ℃，白天酷热，最高日温可达近40 ℃，日照强度大，环境升温快；夜间缺乏自然风，白天集聚的热量无法快速散去，夜温经常不低于30 ℃。在2003年8月1日曾出现极端高夜温32.3 ℃。空气中水蒸气含量高，日平均相对湿度78%左右。夏季温度高、湿度大、气压低，使人感到闷湿难受，因此降低温度和控制湿度是保持环境舒适的关键。冬季严寒，平均气温为3.4～5.7 ℃，日照少，风速大，平均相对湿度为75%～77%，使人感到湿冷，应加强保温和控制湿度。

表6-1　武汉1951—2014年气候数据

夏季	平均温度/(℃)	最高日温/(℃)	最高夜温/(℃)	平均相对湿度/(%)
7月	29.0	39.3	31.6	78
8月	28.3	39.6	32.3	78
9月	23.6	37.6	29.7	77
冬季	平均温度/(℃)	最低日温/(℃)	最低夜温/(℃)	平均相对湿度/(%)
12月	5.7	−4.9	−10.1	75

续表

冬季	平均温度/(℃)	最低日温/(℃)	最低夜温/(℃)	平均相对湿度/(%)
1月	3.4	−5.8	−18.1	76
2月	5.7	−3.5	−14.8	77

(二)实验设施

在一栋4层楼建筑的平屋顶上建造了两个完全一致且不受遮挡的热工实验房(图6-1)。由于实验房体积较小,在夏季白天暴晒情况下易导致室内温度较高而影响植物活墙热工作用的体现,故墙体的建造采用加厚保温材料,南北两扇窗户使用双层Low-E玻璃及百叶外遮阳,并采用可通风的双层屋顶,以减少从围护结构传入室内的热量。实验房底板抬高于建筑屋面,可自然通风,减少来自屋面板的传热。实验房在西墙面上安装了植物活墙(图6-2至图6-9)。

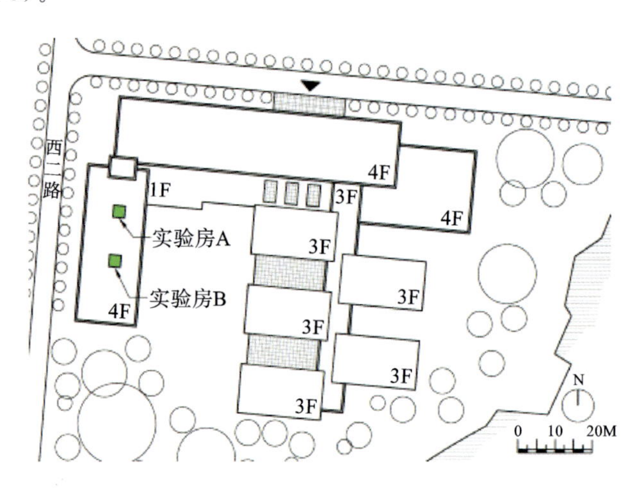

图6-1 实验房总平面图

为避免太阳辐射进入植物活墙与建筑外墙壁之间而影响实验准确性,在空气层的顶部和侧面均安装可完全遮挡太阳辐射的遮阳板。根据实验需要,可将图6-4所示的两个开口(植物活墙上边缘与横向遮阳板之间、植物活墙下边缘与建筑外墙之间)封闭或保持开敞。开敞时空腔内部的空气可以自然对流。

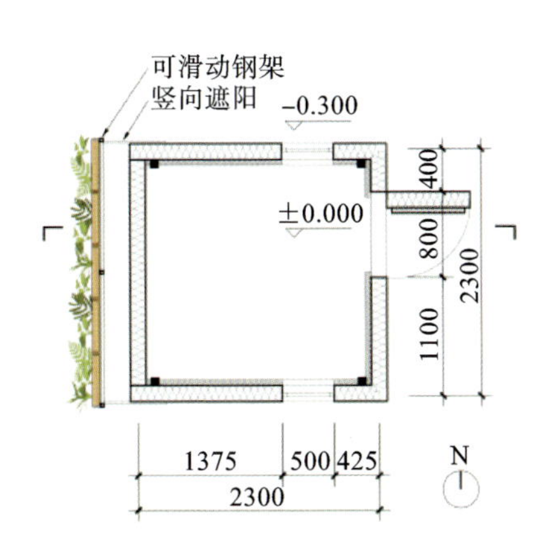

图 6-2 实验房平面图

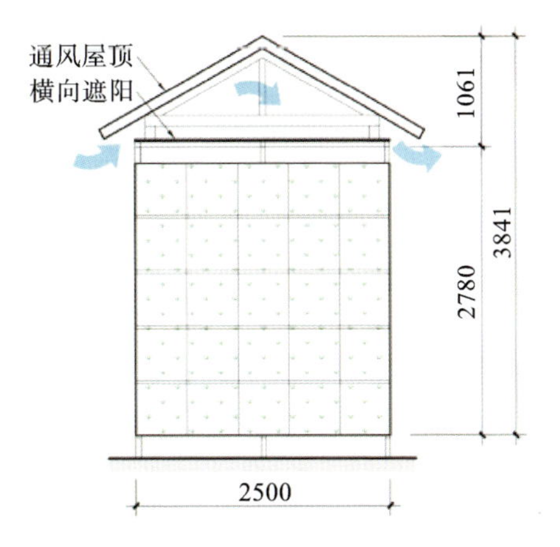

图 6-3 实验房西立面图

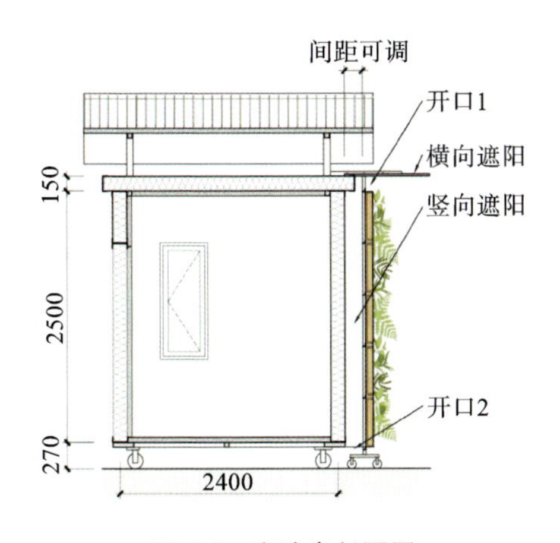

图 6-4 实验房剖面图

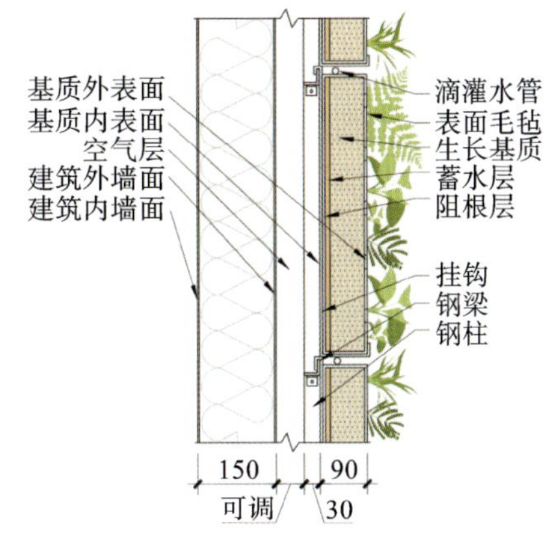

图 6-5 植物活墙构造

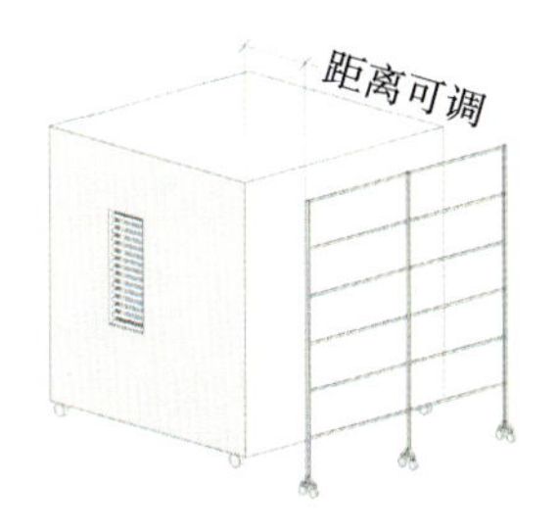

图 6-6 活动性设计

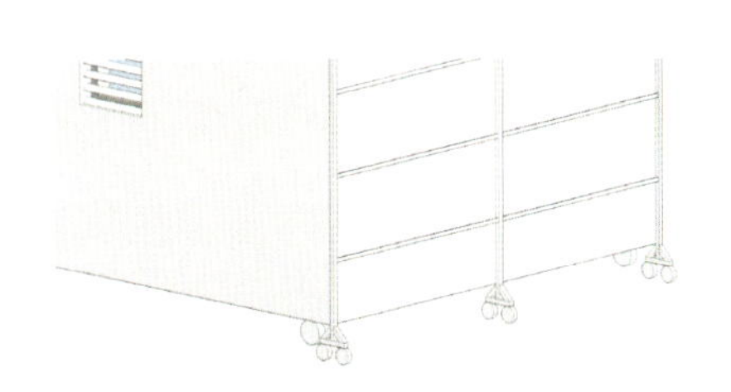

图 6-7 钢架紧贴建筑外墙

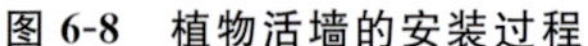

图 6-8　植物活墙的安装过程

图 6-9　植物活墙的最终效果

根据本地气候条件及植物特点，选用少维护、耐候性强且对人体无害的植物品种：吊兰、麦冬、小叶茉莉、肾蕨、佛甲草。它们逆抗性强：梅雨季节不烂根枯萎；夏季耐炎热高温；冬季耐低温。植物在实验前 2 个月被移植到 25 个边长 500 mm、深 100 mm 的方形种植容器里，然后将种植容器运输到实验场地进行安装。种植容器里的植物每天由自动滴灌系统浇水。植物活墙构造见图 6-5。

植物活墙的钢架结构下安装滚轮，使植物活墙与建筑外墙之间的距离可调，如图 6-6、图 6-7 所示，钢架可滑动至紧贴墙壁，此时植物活墙的模块底板与墙面距离为 30 mm（钢架横梁的截面宽度）。钢架可调的最大距离为 600 mm。植物活墙的安装过程和最终效果分别如图 6-8、图 6-9 所示。

（三）实验器材

实验使用热电偶（T 型，铜-康铜，0.2 mm）测量温度，采用数据采集器（DataTaker DT600）记录热电偶的数据。每个墙面上设 6 个热电偶测点以减小偏差，测点布置见图 6-10。

数据采集器（图 6-11）的测量精度对于 T 型热电偶在 100 ℃以下最大误差为±0.1 ℃。温湿度自记仪（AZ Instrument Corp.，型号 8829）（图 6-12）记录室内和空气层的相对湿度，测点距地面高 1.5 m（温度为 25 ℃、湿度在 10%～90%时，其湿度测量误差为±3%；其他测量环境下，误差为±5%）。气象站（VantagePRO2）（图 6-13）记录太阳辐射、风速等。植物活墙与建筑之间的空气层内部风速由风速仪（Sentry IRthermo-Anemometer ST732）记录（图 6-14）。仪器在实验之前进行标定，记录频率为每 30min 一次。实验房安装空调（Hisense，KFR-26GW/10FZBpD-4）并用 DDS395 型单相电子式

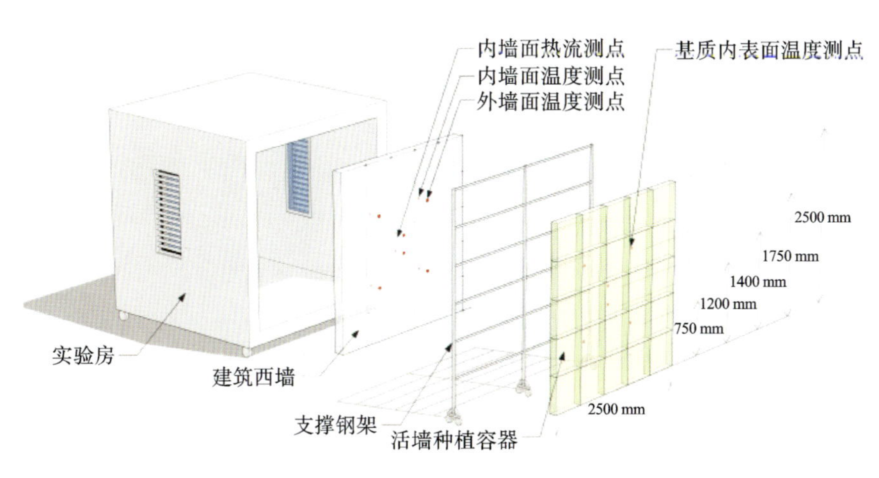

图 6-10　测点布置图

图 6-11　数据采集器

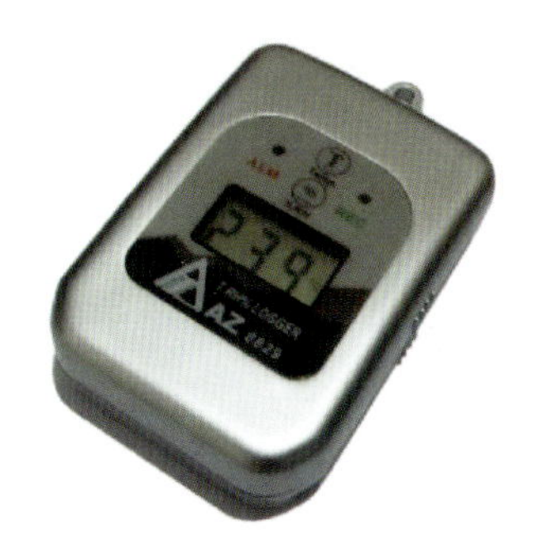

图 6-12　温湿度自记仪

图 6-13　气象站

图 6-14　风速仪

电能表记录其每日用电量(图 6-15)。植物活墙的滴灌系统由阀门控制器(Nelson SoloRain™ 8014 DuraLife™)控制浇水时间(图 6-16)。另装有水表记录每日浇水用量，植物活墙底部排水用托盘接住并测量。

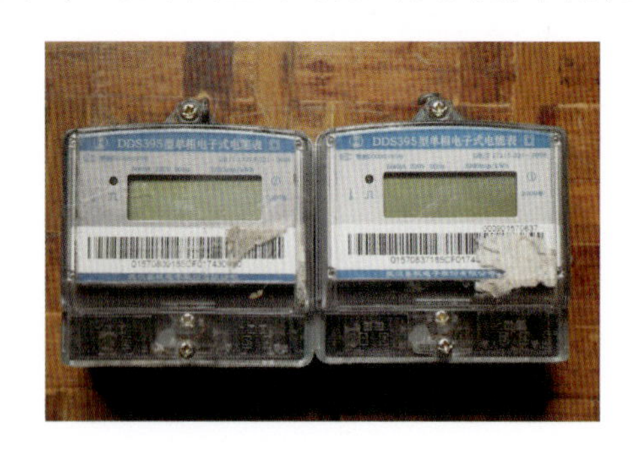

图 6-15　单相电子式电能表

图 6-16　阀门控制器

（四）实验设置

三组对比实验的设置见表 6-2。

实验 1：在夏、冬两季分别对安装植物活墙和未安装植物活墙的两间实验房同时进行实测，试图了解植物活墙在夏季降温和冬季保温的实际效果。

实验 2：在夏季，两个实验房均安装植物活墙，植物活墙距建筑外墙面均为 30 mm。将其中一个实验房的空气层封闭，另一个开敞（只保持空气流动但无太阳辐射进入空气层内部），对比空气层封闭或开敞对植物活墙降温效果的影响。

实验 3：在夏季，两个实验房均安装植物活墙，但植物活墙与建筑的距离不同，分 3 组对比不同间距对植物活墙降温效果的影响。

在实验 2、实验 3 中，两面植物活墙获得的太阳辐射量、植物品种数量和灌溉水量一样，可以认为植物的蒸腾作用一致，从而保证唯一的变量为空气层的状态与参数。

表 6-2　实验设置

<table>
<tr><th></th><th colspan="2">季节</th><th>实验房 A</th><th>实验房 B</th></tr>
<tr><td rowspan="4">实验 1</td><td rowspan="2">夏</td><td>室内不制冷</td><td rowspan="4">植物活墙与建筑墙面间距 30 mm，空气层封闭</td><td rowspan="4">无植物活墙</td></tr>
<tr><td>室内制冷</td></tr>
<tr><td rowspan="2">冬</td><td>室内不采暖</td></tr>
<tr><td>室内采暖</td></tr>
</table>

续表

	季节	实验房 A	实验房 B
实验 2	夏,室内不制冷	均有植物活墙,与墙面间距 30 mm	
		空气层封闭	空气层开敞
实验 3	夏,室内不制冷	均有植物活墙,与墙面间距不同,空气层封闭	
		30 mm	400 mm
		200 mm	400 mm
		400 mm	600 mm

二、实验结果

夏季共测 2160 组数据,冬季共测 1440 组数据,每组数据包括两个实验房的外墙面温度、内墙面温度、室内温度、绿化模块背面温度、基质表面温度、空气层温湿度、空气层风速、室外温湿度、太阳辐射等数据。除去下雨、停电、仪器故障等原因造成无法使用的数据,选用夏季 432 组、冬季 288 组数据进行分析。

(一) 实验一:有植物活墙与无植物活墙对比

将有植物活墙的实验房 A 和无植物活墙的实验房 B 在下列四种环境下进行了对比。

夏季:①室内不制冷;②室内制冷。

冬季:③室内不采暖;④室内采暖。

四种环境下实验房的门窗大都为关闭状态,仅在“夏季、室内不制冷”的对比实验中将两个实验房的窗户于夜晚 19:00 至次日 7:00 时段开启,利用自然通风散发室内在白天集聚的热量。四种情况各取 72 个小时的数据进行分析,实验一示意图如图 6-17 所示。

1. 夏季

(1) 外墙面温度比较。

①室内不制冷时。

图 6-18 为室内不开空调的 72 个小时中,两个实验房西墙面的外表面温

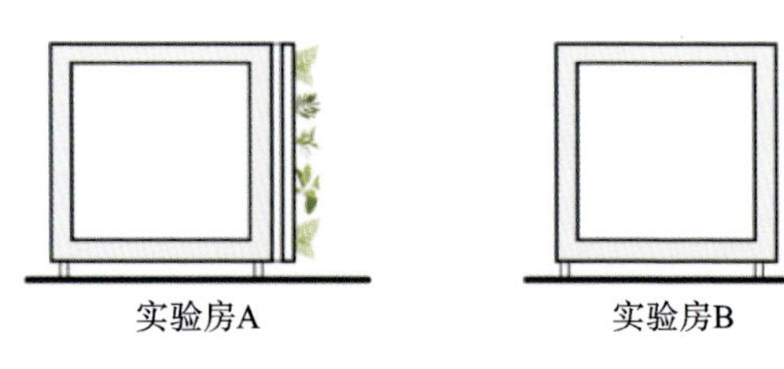

图 6-17　实验一示意图

度的对比。植物活墙为 A 墙面遮挡了太阳辐射，A 墙面白天的吸热量大大减少，其外墙面温度变化较缓和：随着日出缓慢升高，下午再缓慢降低，在整个白天都保持比 B 墙面温度低（最大差值出现在 7 月 25 日 16:00，相差 20.8 ℃）。在夜晚，植物活墙不利于墙壁向外界散热，A 墙面温度下降较慢，其大小在 20:00 点之后与 B 墙面相近，略微高于 B 墙面（最大高 0.6 ℃）。B 墙面的外表面温度与太阳辐射强度有较强的关联性：日出后快速升高，下午 16:30左右到达峰值，然后随太阳辐射的减小而快速下降，夜晚继续降低，直至第二天日出。

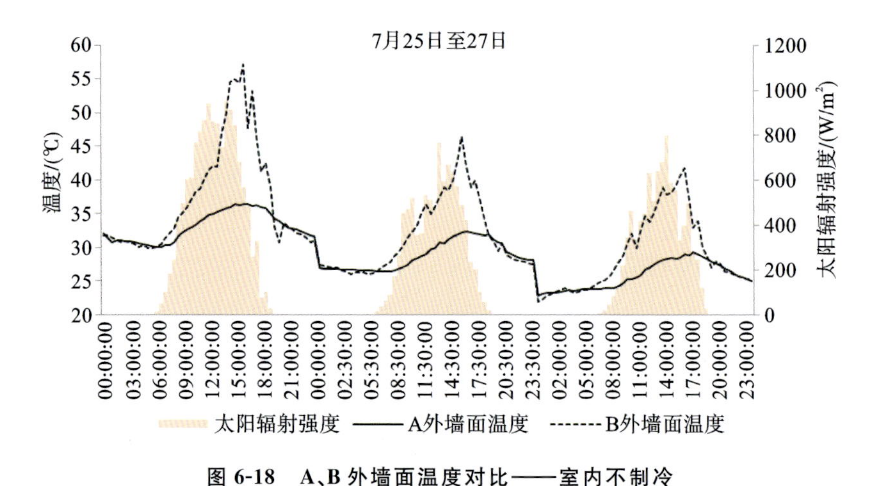

图 6-18　A、B 外墙面温度对比——室内不制冷

②室内制冷时。

两个实验房室内开启空调制冷并设定为相同温度，A、B 外墙面温度对比情况与室内不制冷时相似（图 6-19）：在白天，A 墙面温度远小于 B 墙面温度（最大差值出现在 7 月 26 日 16:00，相差 23 ℃）；在夜晚两者大小相近。

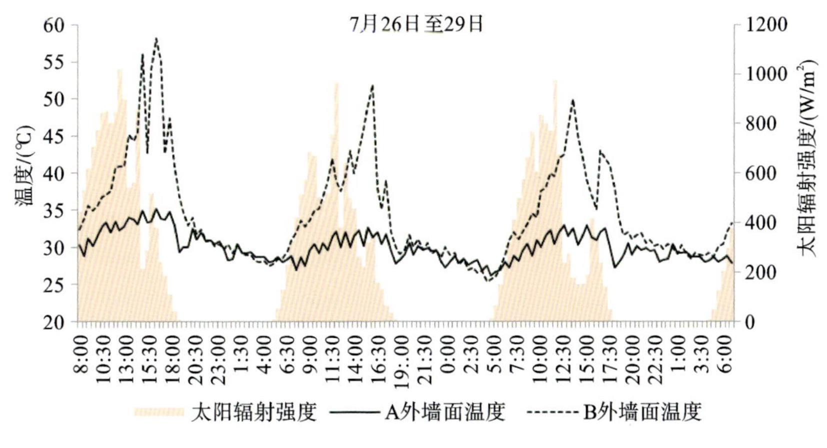

图 6-19　A、B 外墙面温度对比——室内制冷

比较 A、B 外墙面日平均温度发现，不论室内是否制冷，A 外墙面日平均温度都低于 B 墙面的，最大日平均温度相差 4.8 ℃(出现在 7 月 26 日)，日平均温度平均相差约 3.8 ℃(表 6-3)。

表 6-3　夏季外墙面温度对比

季节		日期	温度峰值(差值)/(℃)			日平均温度(差值)/(℃)		
			T_A	T_B	T_B-T_A	T_A	T_B	T_B-T_A
夏季	室内不制冷	7-25	36.4	57.2	**20.8**	33.0	37.2	**4.2**
		8-16	32.4	46.5	**14.1**	28.8	31.5	**2.7**
		9-03	29.3	41.8	**12.5**	24.7	27.3	**2.6**
	室内制冷	7-26	35.2	58.2	**23.0**	31.1	35.9	**4.8**
		7-27	32.7	52.1	**19.4**	29.3	33.3	**4.0**
		7-28	33.0	50.3	**17.3**	29.8	34.4	**4.6**

(2) 内墙面温度比较。

墙体吸收的总热量，一部分通过辐射和对流传给周围环境，一部分储存在墙体中，一部分传导进入室内。因植物活墙的遮挡，A 墙传入室内的热量大大减小。

①室内不制冷时。

如图 6-20 所示，A、B 内墙面温度相比，A 在白天一直低于 B，最大差值为

7.7 ℃(出现在 7 月 25 日 16:30)。在夜晚,窗户开启通风后两者较为接近。

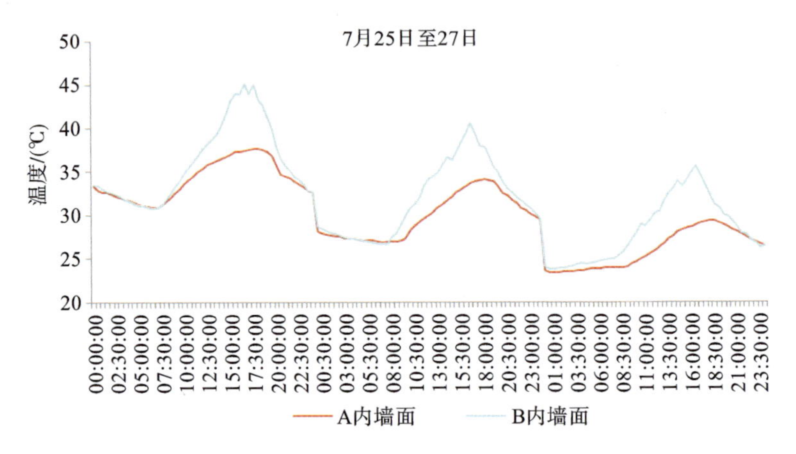

图 6-20　A、B 内墙面温度对比——室内不制冷

②室内制冷时。

如图 6-21 所示,A、B 内墙面温度受冷气的影响而呈现明显的上下波动,但振幅[①]不同:A 内墙面温度振幅为 1.8 ℃,B 内墙面温度振幅为 3.7 ℃,差值占 B 墙内表面温度的 51%。可见 A 内墙面温度更稳定。

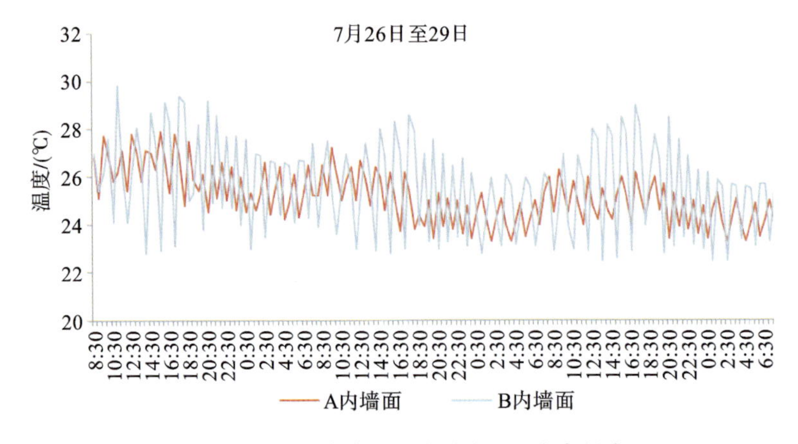

图 6-21　A、B 内墙面温度对比——室内制冷

① 振幅:振动曲线离开平均位置的最大位移。

比较 A、B 内墙面日平均温度(表 6-4)发现,不论室内是否制冷,A 都低于 B,最大日平均温度相差 2.0 ℃(7 月 25 日),在测试期间日平均温度平均相差约 1.0 ℃。

表 6-4　夏季内墙面温度对比

季节		日期	日平均温度(差值)/(℃)			温度峰值(差值)/(℃)		
			T_A	T_B	T_B-T_A	T_A	T_B	T_B-T_A
夏季	室内不制冷	7-25	34.0	36.0	**2.0**	37.6	45.1	**7.5**
		8-16	29.8	31.1	**1.3**	34.0	40.6	**6.6**
		9-03	25.8	26.9	**1.1**	29.3	35.7	**6.4**
	室内制冷	7-26	26.0	26.3	**0.3**	27.9	29.8	**1.9**
		7-27	24.9	25.3	**0.4**	27.2	28.6	**1.4**
		7-28	24.7	25.4	**0.7**	26.3	29.0	**2.7**

(3) 室内气温比较。

①室内不制冷时。

实验房围护结构的保温性能较好,A、B 室内气温在白天均低于室外气温。由于实验房 A 仅在西墙面安装了植物活墙,其他墙面与实验房 B 受热状态一样,因此 A、B 室温的差别是由植物活墙的隔热降温作用造成的。由图 6-22 可见,A 室温在白天一直略低于 B,最大温差为 1.1 ℃,在夜晚自然通风后与 B 相近。

②室内制冷时。

实验房安装的变频空调匹数为大 1.0P,适合面积为 10～15 m^2 的房间。其变频器通过改变压缩机供电频率来调节压缩机转速,依靠压缩机转速的快慢控制室温,使室温波动小、电能消耗少。但由于实验房面积小(仅 6 m^2),室内空气体积有限,空调在工作时还是导致室内气温波动较大。A、B 室温均在设定温度 24 ℃上下波动,但两者波动的幅度不同(图 6-23、表6-5)。A 室温振幅为 2.1 ℃,B 室温振幅为 3.5 ℃,差值占 B 室温振幅的 40%(1.4 ℃),A 室温更稳定。

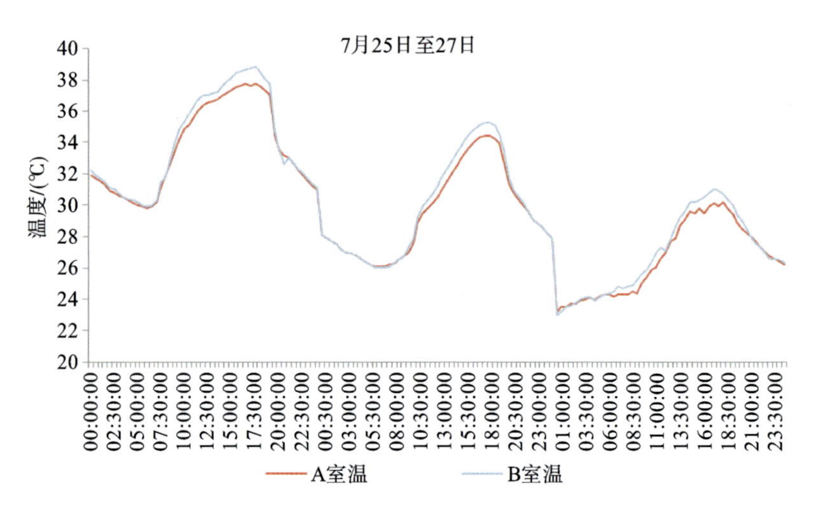

图 6-22　A、B 室温对比——室内不制冷

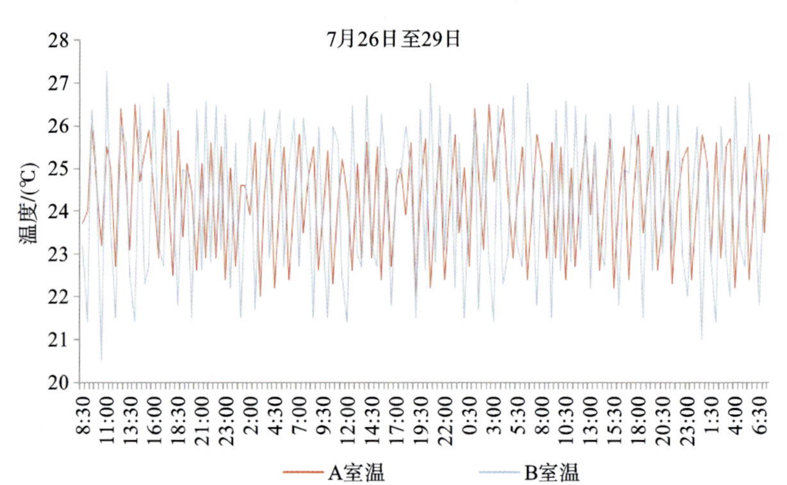

图 6-23　A、B 室温对比——室内制冷

表 6-5　夏季室内气温对比数据

季节		日期	室内日平均温度(差值)/(℃)		
			T_A	T_B	T_B-T_A
夏季	室内不制冷	7-25	33.6	34.0	**0.4**
		8-16	29.5	29.8	**0.3**
		9-03	26.5	26.9	**0.4**

续表

季节		日期	室内日平均温度(差值)/(℃)		
			T_A	T_B	T_B-T_A
夏季	室内制冷	7-26	24.4	24.5	**0.1**
		7-27	24.1	24.3	**0.2**
		7-28	24.2	24.3	**0.1**

(4) 热流密度比较。

已知墙体热阻和内、外墙面温度，通过墙体的热流密度可由下式得出：

$$q=\frac{\Delta T}{R_0+R_1+R_2} \tag{6.1}$$

其中，ΔT 为内、外墙面温差(℃)；

R_0 为墙体总热阻，$R_0=2.78(\mathrm{m}^2\cdot\mathrm{K})/\mathrm{W}$(A、B 墙体材料为双面彩钢板，内夹 150 mm 厚岩棉保温层)；

R_1、R_2 为内、外表面换热阻，$R_1=0.11(\mathrm{m}^2\cdot\mathrm{K})/\mathrm{W}$，$R_2=0.05(\mathrm{m}^2\cdot\mathrm{K})/\mathrm{W}$。

计算得出通过 A、B 墙体的热流密度，如图 6-24、图 6-25 中折线所示，折线位于 x 轴以上表示热流方向为从室外到室内，位于 x 轴以下则相反。

①室内不制冷时。

由图 6-24 可见，在测试的 72 个小时中，B 墙在每天白天(06:30—19:30)向室内传热；在夜晚则向室外散热，符合一般建筑墙体在夏季的热工特征。而 A 墙除了 9 月 3 日白天 09:00—15:00 时段，在其他所有时间 A 墙发生向室外散热。造成此现象的原因有：①实验房体积较小，白天易集聚热量，导致建筑内墙面温度较高；②植物活墙的隔热作用使建筑外墙面温度保持较低，不会大幅升高。故 A 墙出现了内墙面温度高于外墙面温度的情况。72 个小时中 A 内墙面热流密度的绝对值一直小于 B，因此 A 墙无论是向室内传热还是向室外散热都比 B 墙慢。

②室内制冷时。

由图 6-25 可见，受室内冷气的影响，A、B 墙在 72 个小时中均向室内传热，且白天强度较高、夜晚强度较低。而通过 A 墙的热流密度在白天显著小于 B 墙，在夜晚与 B 墙相近，故全天通过 A 墙传入室内的热量大大小于 B

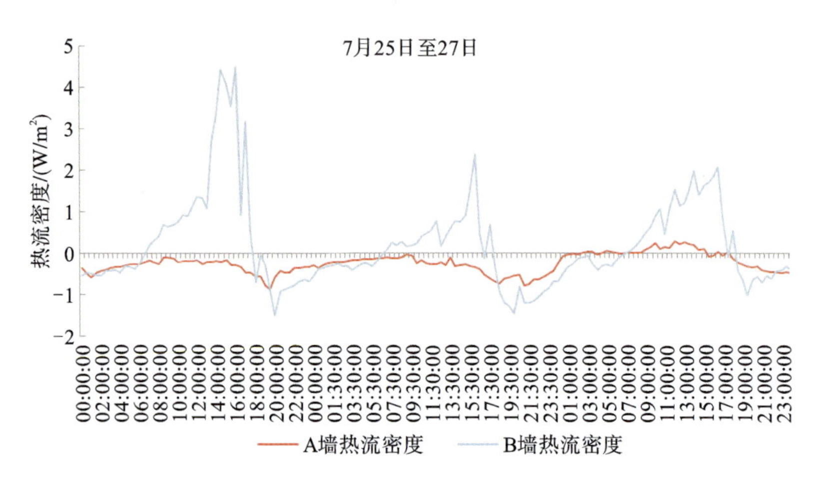

图 6-24　A、B 墙热流密度对比——室内不制冷

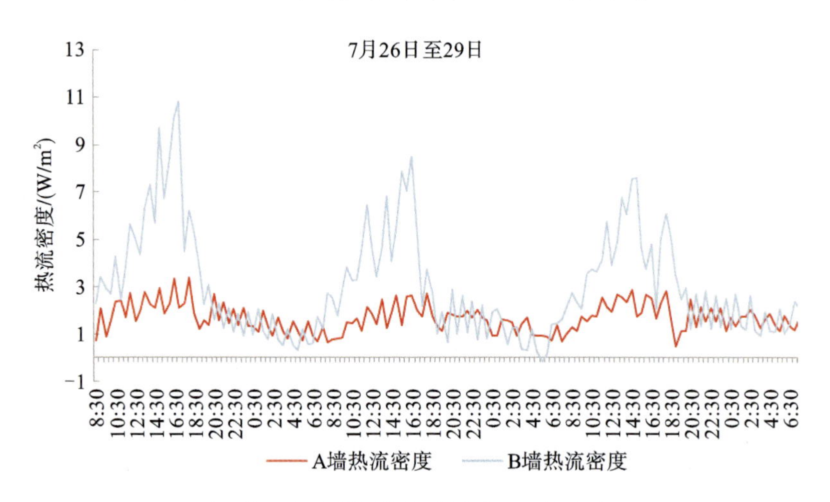

图 6-25　A、B 墙热流密度对比——室内制冷

墙，减少了冷负荷。

（5）夏季实验小结。

朝西的植物活墙在夏季对实验房的热工作用可归纳为以下几点。

① 室内不制冷时。

a. 在白天显著降低内、外墙面温度；在夜晚略微升高内、外墙面温度。总体来说，减小了温度的波动范围，并显著降低内、外墙面的日平均温度。

b. 在白天降低室温，在夜晚对室温影响不大。

c. 显著减小通过墙体的热流密度，白天吸热较慢，夜晚散热也较慢。

② 室内制冷时。

a. 在白天显著降低外墙面温度，在夜晚无明显影响，显著降低其日平均温度。

b. 减小内墙面温度波动幅度，显著降低其日平均温度。

c. 使室温更稳定。

d. 显著减小通过墙体的热流密度，减少传入室内的热量。

综上，在夏热冬冷地区，植物活墙在夏季对建筑墙体的隔热降温作用明显，可减少建筑墙体的传热量。

2. 冬季

(1) 外墙面温度比较。

由图 6-26、图 6-27 可见，无论室内是否采暖，A 墙体的外表面温度在白天都低于 B 墙体的，最大温差为 12.8 ℃(1 月 23 日 15:30)；在夜晚均高于 B 墙的，最大高 5.6 ℃(1 月 24 日 23:30)，整体波动较小。比较 A、B 的外墙面日平均温度(表 6-6)发现，室内不采暖的 72 个小时中，由于植物活墙在白天

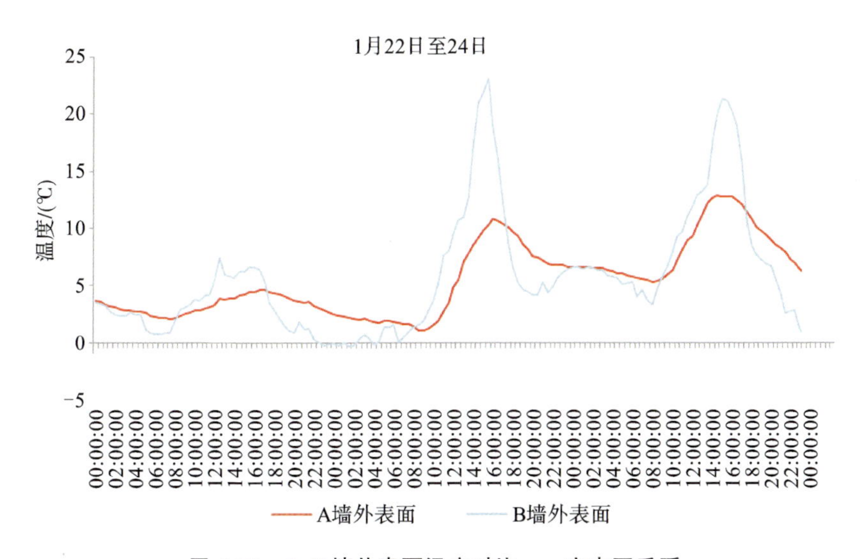

图 6-26　A、B 墙外表面温度对比——室内不采暖

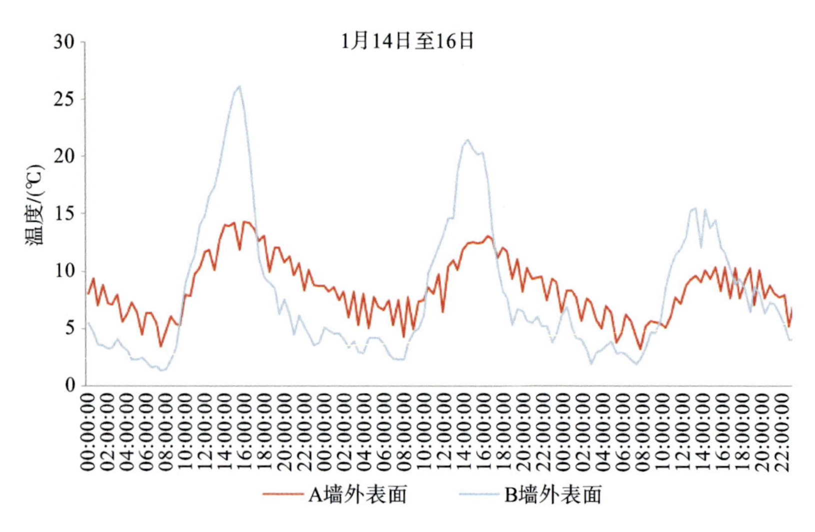

图 6-27　A、B 墙外表面温度对比——室内采暖

降温和夜晚保温的作用不相上下，A 外墙面日平均温度可能高于 B 的，也可能低于 B 的。而在室内采暖的 72 个小时中，A 外墙面日平均温度全部高于 B 的，体现了植物活墙的保温效果。

可见，冬季气温低，太阳辐射强度小，植物活墙在白天阻碍了建筑墙体吸收太阳辐射，但在寒冷的夜晚对墙体有保温作用。

表 6-6　冬季外墙温度对比

季节		日期	太阳日平均总辐射/(W/m²)	外墙面温度(差值)					
				日平均温度(差值)/(℃)			温度峰值(差值)/(℃)		
				T_A	T_B	T_B-T_A	T_A	T_B	T_B-T_A
冬	室内不采暖	1-22	35	3.3	3.0	**−0.3**	4.6	7.4	**2.8**
		1-23	99	5.0	5.9	**0.9**	10.8	23.0	**12.2**
		1-24	144	8.2	8.4	**0.2**	12.8	21.2	**8.4**
	室内采暖	1-14	123	9.3	8.6	**−0.7**	14.4	26.2	**11.8**
		1-15	113	8.9	8.1	**−0.8**	13.2	21.5	**8.3**
		1-16	79	7.4	7.1	**−0.3**	10.4	15.6	**5.2**

（2）内墙面温度比较。

在不采暖状态下，A 的内墙面温度白天低于 B 的（最大温差为 2.0 ℃），夜晚高于 B 的（最大温差为 0.5 ℃）（图 6-28）。在采暖状态下，A 内墙面温度在大多数时间高于 B（图 6-29）。

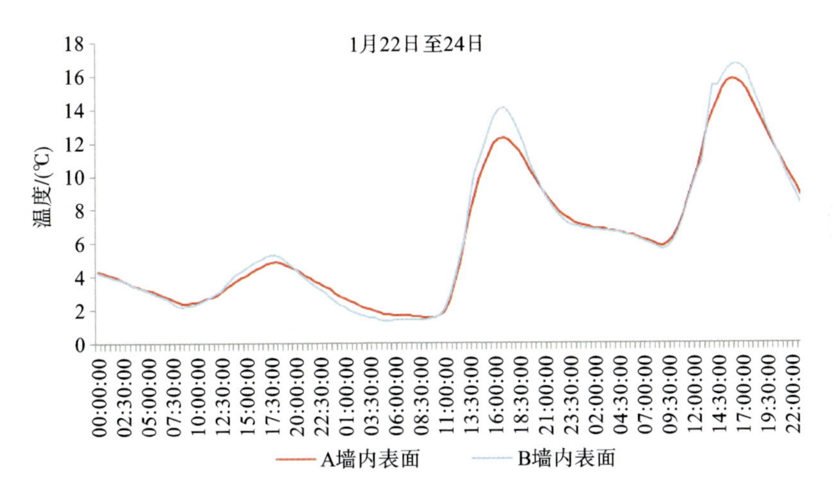

图 6-28　A、B 墙内表面温度对比——室内不采暖

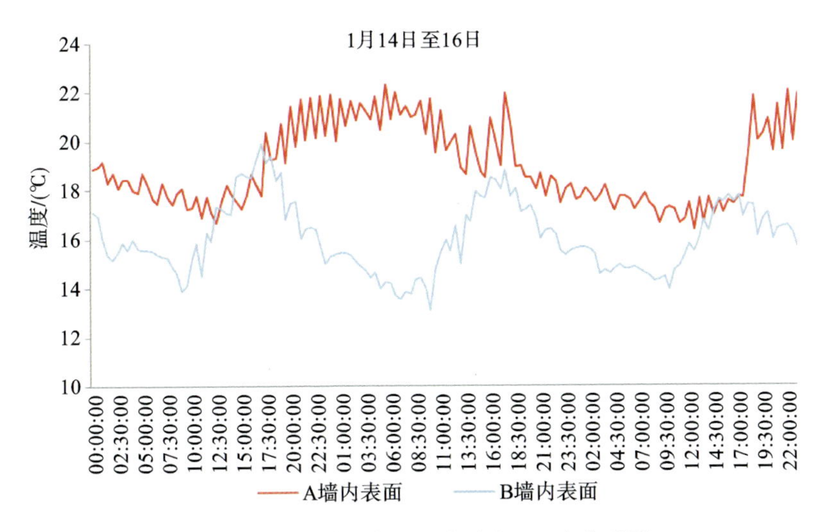

图 6-29　A、B 墙内表面温度对比——室内采暖

比较 A、B 的内墙面日平均温度(表 6-7)发现,室内不采暖的 72 个小时中,由于植物活墙在白天降温和夜晚保温的作用不相上下,A 内墙面日平均温度可能高于 B 墙,也可能低于 B 墙。而在室内采暖的 72 个小时中,A 内墙面日平均温度全部高于 B 墙,体现出植物活墙的保温效果。

表 6-7　冬季内表面温度对比

季节		日期	日平均温度(差值)/(℃)		
			T_A	T_B	T_B-T_A
冬	室内不采暖	1-22	3.6	3.6	**0**
		1-23	5.7	5.9	**0.2**
		1-24	9.7	9.6	**−0.1**
	室内采暖	1-14	18.6	16.6	**−2.0**
		1-15	20.1	15.8	**−4.3**
		1-16	18.2	15.8	**−2.4**

(3) 室内气温比较。

由图 6-30 可见,在室内不采暖的 72 个小时中,A 室温比 B 室温在大多数时间稍高 0.1~0.4 ℃,在太阳辐射强度较大的 1 月 23 日白天,出现了 A

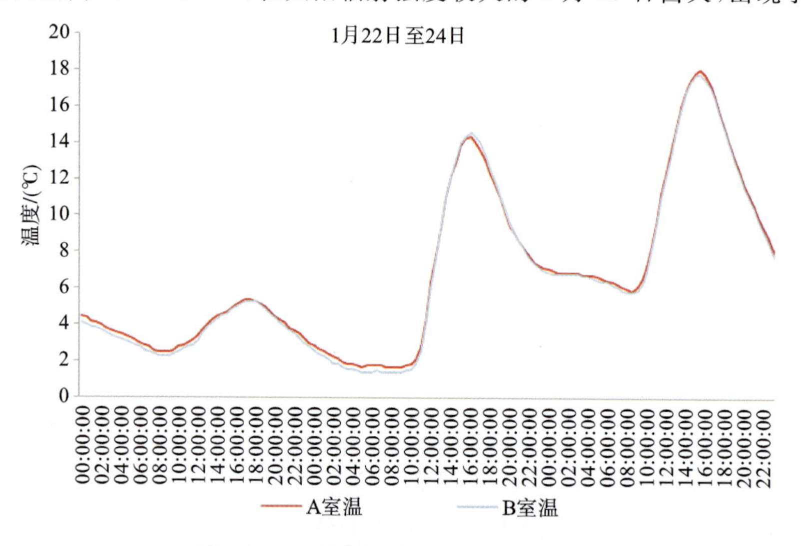

图 6-30　A、B 室温对比——室内不采暖

室温略低于 B 室温的情况(0.1～0.4 ℃)。在采暖的 72 个小时中,室温受空调控制波动较大。大多数情况下 A 室温高于 B 室温(图 6-31)。

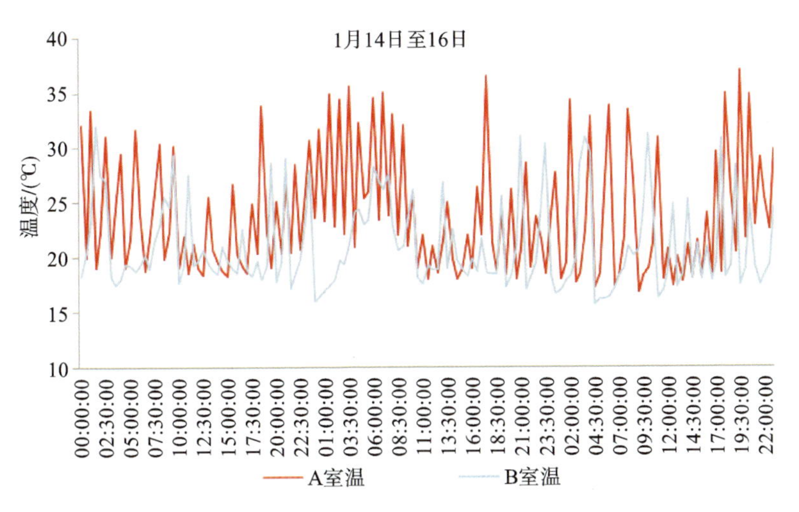

图 6-31　A、B 室温对比——室内采暖

比较 A、B 室内日平均温度(表 6-8)发现,不论是否采暖,A 室温均高于 B 室温:在不采暖的 3 天高 0.1～0.2 ℃,采暖时高 1.2～2.7 ℃。

表 6-8　冬季室内气温对比

季节		日期	太阳日平均总辐射/(W/m²)	室内日平均温度(差值)/(℃)		
				T_A	T_B	T_B-T_A
冬	室内不采暖	1-22	35	3.8	3.6	**−0.2**
		1-23	99	6.4	6.2	**−0.2**
		1-24	144	10.3	10.2	**−0.1**
	室内采暖	1-14	123	23.4	21.2	**−2.2**
		1-15	113	22.4	21.2	**−1.2**
		1-16	79	23.4	20.7	**−2.7**

(4) 热流密度比较。

由图 6-32 可见,在室内不采暖的 72 个小时中,当 A、B 墙均向室内传热时,通过 A 墙的热流密度较小,吸收的热量较少;当 A、B 墙均向室外散热

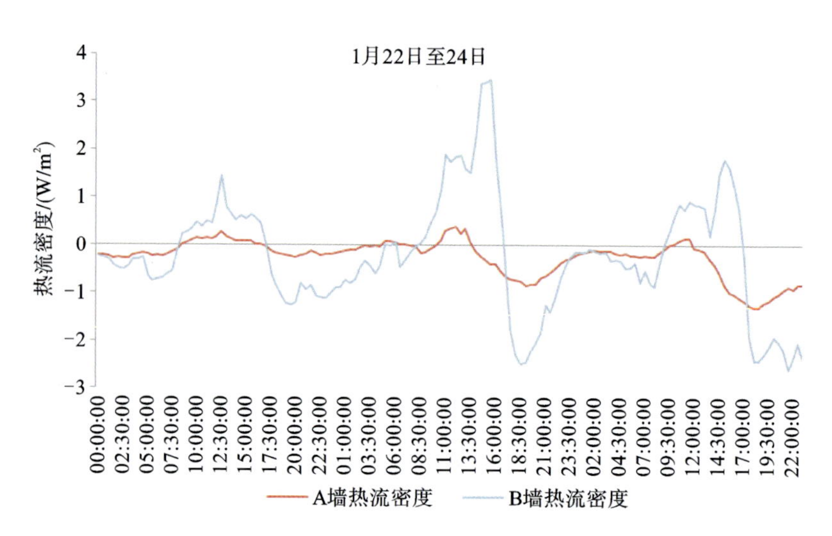

图 6-32　A、B 墙热流密度对比——室内不采暖

时，通过 A 墙的热流密度也较小，即 A 墙向室外损失的热量较少。1 月 23 日上午8:00—10:00、1 月 23 日下午 13:00—17:00、1 月 24 日 12:00—17:00 这几个时间段出现了 A 墙热流密度位于 x 轴以下、B 墙热流密度位于 x 轴以上的情况，即 A 墙散热、B 墙吸热，此时比较两者热流密度的绝对值，也是 A 墙小于 B 墙。

由图 6-33 可见，当室内采暖时，1 月 14 日 0:00—08:00、1 月 14 日 17:00—23:00、1 月 15 日 18:00—1 月 16 日 07:00 这几个夜晚的时间段中 A 墙热流密度的绝对值小于 B 墙的，说明植物活墙的保温作用使 A 墙在夜晚向外散热的强度较小。在其他时间里 A 墙热流密度大多大于 B 墙的，说明 A 墙在白天散热的强度大。这是由于 A 墙外表面没有吸收太阳辐射的热量，故在白天温度较低，从温暖的室内损失热量较多。而 B 墙外表面吸收了太阳辐射，温度较高，从室内损失的热量较少。也就是说，植物活墙在白天的降温作用致使 A 墙比 B 墙散热更快。

(5) 冬季实验小结。

西面的植物活墙在冬季对实验房的热工作用可归纳为以下几点。

①室内不采暖时。

a. 对墙体内、外表面均发挥白天阻碍升温、夜晚保温的作用，总体来说减

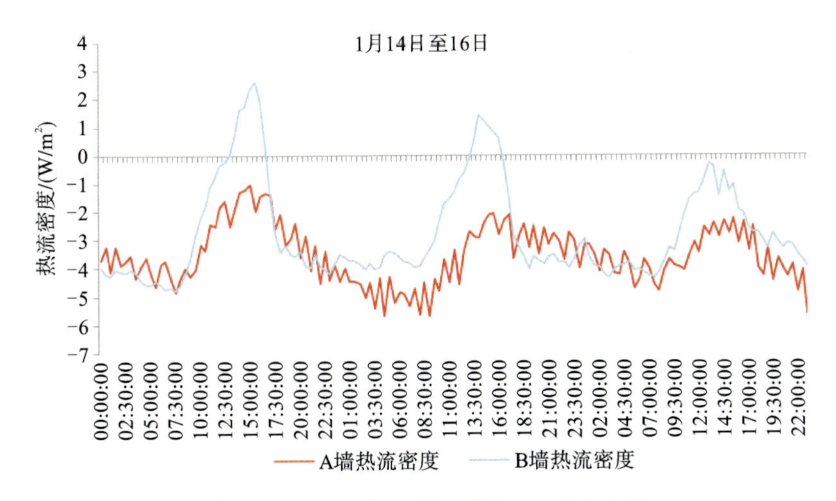

图 6-33　A、B 墙热流密度对比——室内采暖

小了温度的波动范围，但可能略微降低，也可能升高墙体内、外表面的日平均温度。

b. 可略升高室内温度并减小其波动范围。

c. 植物活墙减小通过墙体的热流密度，使墙体在白天吸热强度较小，在夜晚散热强度也较小。

②室内采暖时。

a. 对墙体外表面有白天阻碍升温、夜晚保温的作用，且明显提高其日平均温度。

b. 对墙体内表面有保温的作用，使其日平均温度明显升高。

c. 可升高室内温度并减小其波动范围，保温作用较明显。

d. 使墙体白天向外散热强度更大，夜晚散热强度则较小。

综上，在夏热冬冷地区，冬季采暖的建筑物安装植物活墙可对其围护结构起到明显的保温作用，利于建筑节能。而不采暖的建筑物在白天会受到植物活墙消极的降温影响，故植物活墙比较适合使用时间多数在夜晚的建筑物，如住宅。

3. 植物活墙背面的热工作用

植物活墙背面（种植盒底部）与建筑外墙面间隔 30 mm 空气层，相互平行，两个表面之间会发生辐射换热。实验发现，在夏季，植物活墙背面温度在白天低于建筑外墙面 0～1.2 ℃，在晚上的部分时段略高于建筑外墙面 0～0.8 ℃（图 6-34）；在冬季，植物活墙背面温度大部分时间都低于建筑外墙面 0～0.8 ℃，在晚上的少量时段略高于建筑外墙面 0～0.2 ℃（图 6-35）。由于在辐射换热中，温度低的表面吸收的外来辐射比自身向外辐射的能量多，故植物活墙背面在大部分时间中都对建筑墙面进行吸热降温。可见植物活墙不仅遮挡太阳辐射，还可吸收墙体的热量，这也是攀缘植物所不具有的特性。

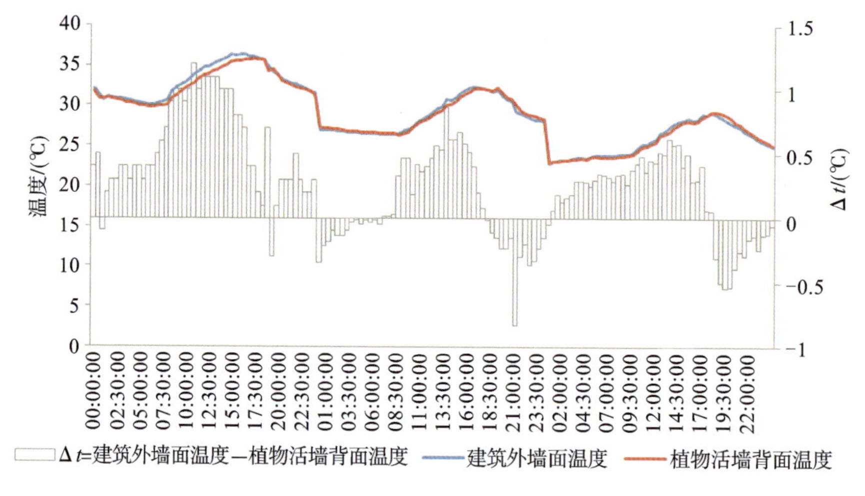

图 6-34　建筑外墙面与植物活墙背面温度比较——夏季

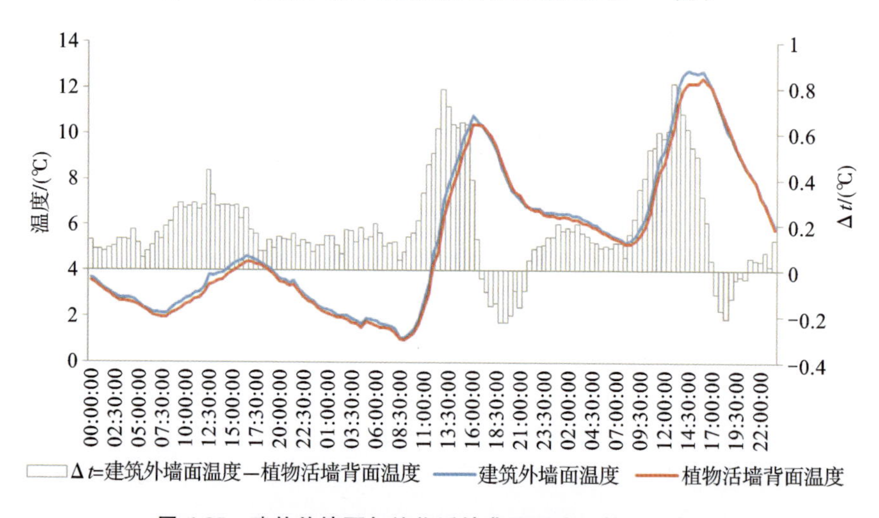

图 6-35　建筑外墙面与植物活墙背面温度比较——冬季

4. 空气层的热工作用

植物活墙与建筑墙面之间的微环境由空气层和两个表面（建筑外墙面、植物活墙背面）组成，其中空气层发挥的热作用需用实验数据来证明。将空气层与室外空气进行对比，发现在夏、冬两季，空气层的温度均呈现“白天远低于室外、夜晚多高于室外”的特征，即波动范围较小（图 6-36、图 6-37）。其日平均温度在夏季比室外低（最多低 3.1 ℃）；在冬季比室外高（最多高 1.1 ℃），是一个“夏凉冬暖”的微气候区（表 6-9）。

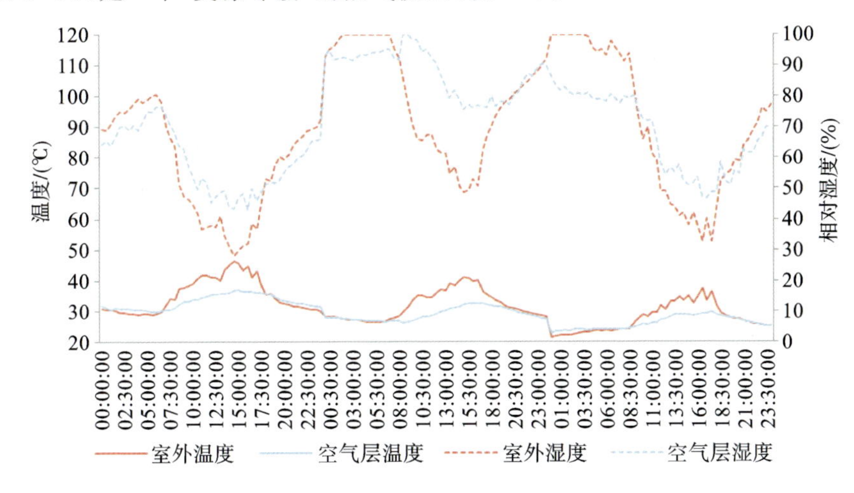

图 6-36　空气层与室外空气的温、湿度对比——夏季

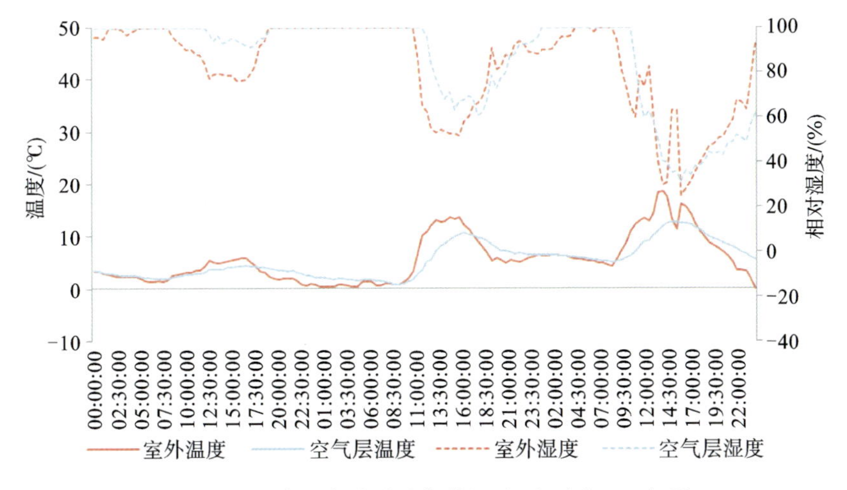

图 6-37　空气层与室外空气的温、湿度对比——冬季

表 6-9　空气层与室外空气的温度和相对湿度比较

季节	日期	日平均温度/(℃)			日平均相对湿度/(%)		
		$T_{空气层}$	$T_{室外}$	$T_{空气层}-T_{室外}$	$RH_{空气层}$	$RH_{室外}$	$RH_{空气层}-RH_{室外}$
夏	7-25	33.2	36.3	**−3.1**	59.3	57.3	**2.0**
	8-16	28.9	31.9	**−3.0**	87.8	79.9	**7.9**
	9-03	26.1	27.5	**−1.4**	67.4	71.0	**−3.6**
冬	1-22	3.1	2.0	**1.1**	98.3	92.6	**5.7**
	1-23	5.0	4.2	**0.8**	88.4	84.6	**3.8**
	1-24	8.0	7.5	**0.5**	70.7	71.1	**−0.4**

空气层厚度较薄，且受植物蒸腾作用和基质含水量的影响，相对湿度较大。在夏季，白天空气层的相对湿度明显高于室外空气，在夏季的夜晚，室外降温，相对湿度较大，空气层内相对湿度反而低于室外。到了冬季，空气层相对湿度大多数时候都高于室外空气。以平均值来衡量，在夏季 72 个小时里，空气层的相对湿度比室外高 2.1%，在冬季里比室外高 3.0%。

综上所述，空气层可对墙体起到良好的夏季隔热和冬季保温作用。空气层内相对湿度略高于室外，但在墙体做好防水、防潮措施的情况下，其对墙体的不良影响较小。

5. 节能效率

在夏季 7 月 26 日—7 月 31 日开启空调制冷功能，两个实验房的设置温度相同，使用 DDS395 型单项电子式电能表记录每 24 小时的用电量。

如图 6-38、表 6-10 所示，A 实验房用电量较低，平均日用电量减少 0.4 kW · h，占其平均日用电量的 14%。太阳辐射越大，两个实验房用电量差值越大。

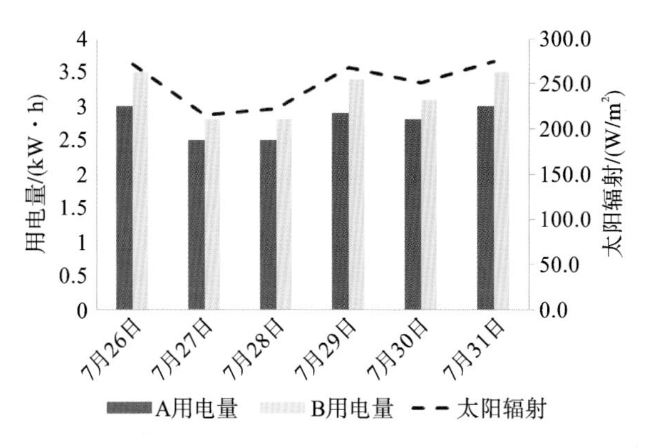

图 6-38　A、B 实验房用电量对比

表 6-10　用电量数据

日期	A/(kW·h)	B/(kW·h)	差值/(kW·h)
7-26	3	3.5	—0.5
7-27	2.5	2.8	—0.3
7-28	2.5	2.8	—0.3
7-29	2.9	3.4	—0.5
7-30	2.8	3.1	—0.3
7-31	3	3.5	—0.5

6. 实验一小结

(1) 植物活墙对建筑墙体的热工影响可概括为白天隔热,夜晚保温。

在夏季,植物活墙白天的隔热效果远远超出夜晚的保温效果,因此综合全天来看,有显著的隔热降温效果。不论建筑空间制冷与否,植物活墙都可减少通过围护结构的传热量,利于建筑节能。

在冬季,植物活墙更适合用于采暖建筑物,对其围护结构起到明显的保温效果,利于建筑节能。在不采暖的情况下,植物活墙在夜晚的保温效果较好,但与白天的隔热作用相当,故综合全天来看,对墙体无明显的保温作用。

此外,不论在夏季还是冬季,植物活墙均可减小建筑墙体温度变化的幅度。

（2）植物活墙背面的降温作用。

在白天和夜晚的大部分时间，植物活墙都可通过辐射交换吸收建筑外墙的热量。这个特征在夏季有利于给墙面降温，但在冬季不利于给墙面保温。

（3）空气层是一个"夏凉冬暖"的微气候区。

植物活墙与建筑墙体之间的空气层可对建筑墙体起到良好的夏季隔热和冬季保温作用。

（二）实验二：空气层通风和空气层密闭对比

1．实验二基本状况描述

夏季，两个实验房均安装植物活墙，植物活墙与墙面距离均为 30 mm，A 植物活墙的空气层四周封闭，B 植物活墙的空气层开敞（只保持空气自由流动但无太阳辐射进入空气层内部）。两面植物活墙获得的太阳辐射量一样，植物品种、数量和滴灌水量也一样，可以认为植物的蒸腾作用一致，从而保证空气层是唯一的变量，以此对比空气层封闭或开敞对植物活墙降温效果的影响。实验二示意图如图 6-39 所示。

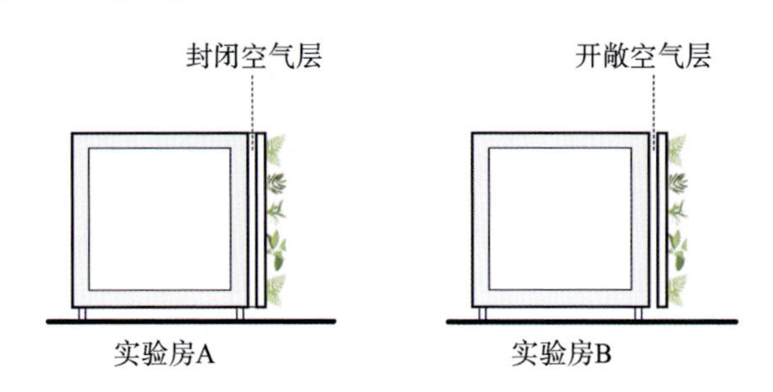

图 6-39　实验二示意图

2．实验结果分析

（1）空气层温度比较。

由图 6-40 可见，封闭空气层和开敞空气层的温度均在白天明显低于室外空气，在夜晚与室外空气温度相近。因此，开敞空气层因更容易吸收室外空气的热量，造成其温度比封闭空气层温度高（最大温差为 1.7 ℃），仅在夜晚的少量时段里略低于封闭空气层(最多低 0.9 ℃)。封闭空气层的日平均温度比开敞空气层的低 0.5 ℃(表 6-11)。

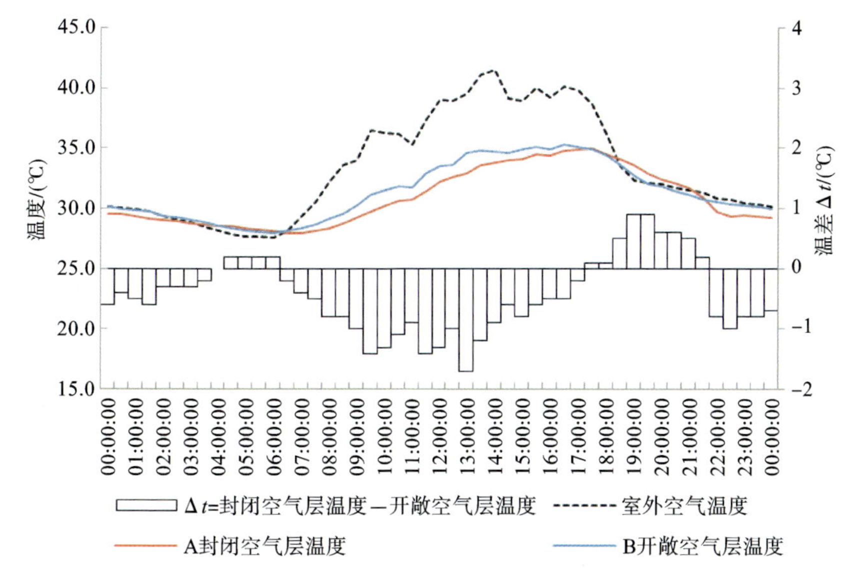

图 6-40 室外空气、封闭空气层、开敞空气层的温度对比

表 6-11 封闭和开敞空气层的各项日平均数据对比

	A 封闭空气层	B 开敞空气层
外墙面日平均温度/(℃)	30.5	31.2
内墙面日平均温度/(℃)	32.1	32.1
空气层日平均温度/(℃)	30.9	31.4
室内日平均温度/(℃)	32.5	32.6

(2) 空气层相对湿度比较。

由图 6-41 可见,封闭空气层和开敞空气层的相对湿度在白天07:00—18:00 均比室外空气高。在夜晚,封闭空气层的相对湿度最高,室外空气其次,开敞空气层最低。三者的日平均相对湿度分别为:封闭空气层 88.2%,室外空气 75.6%,开敞空气层 74.7%,可见开敞空气层的做法可以将相对湿度降到更低。

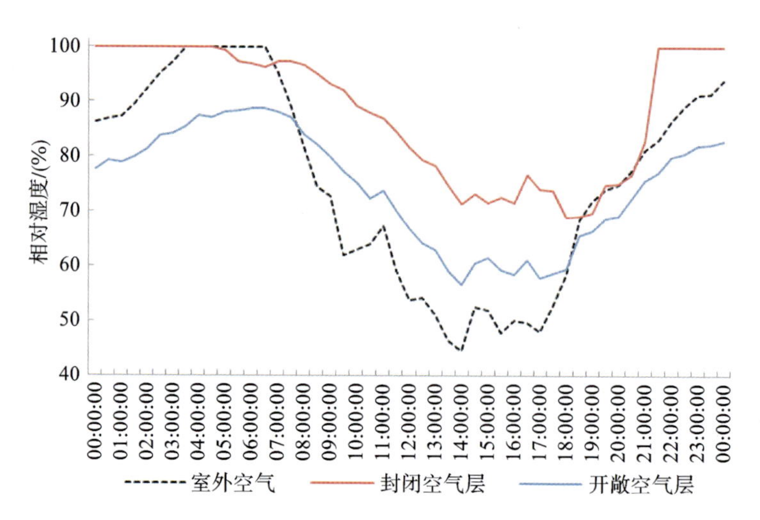

图 6-41　室外空气、封闭空气层、开敞空气层的相对湿度对比

(3) 外墙面温度比较。

由图 6-42 可见，A 外墙面温度在全天大多时间内明显低于 B 外墙面，最大温差为1.8 ℃。A 外墙面温度的日平均值比 B 外墙面温度低 0.7 ℃。

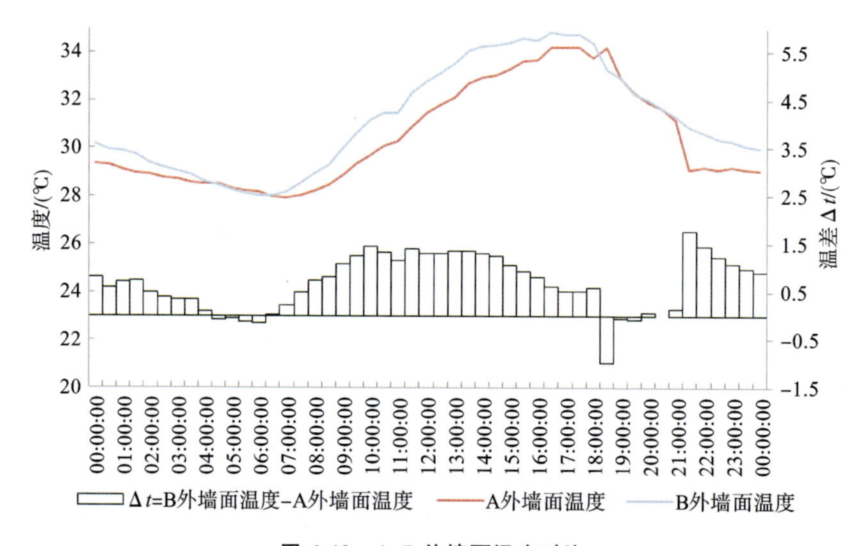

图 6-42　A、B 外墙面温度对比

(4) 内墙面温度比较。

由图 6-43 可见，A、B 内墙面温度相差较小，温差在－0.3～0.7 ℃，没有明显的高低趋势。

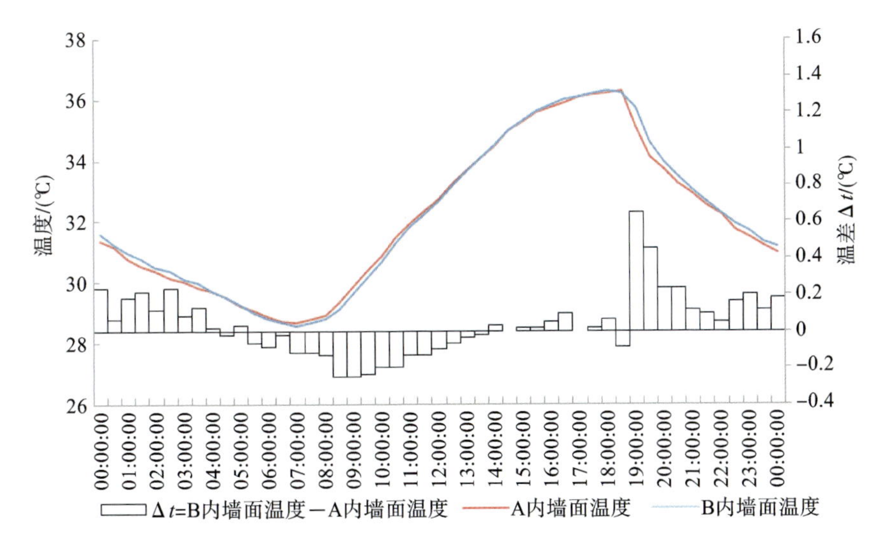

图 6-43　A、B 内墙面温度对比

(5) 热流密度比较。

由图 6-44 可见，A、B 墙体热流密度在白天(07:00—18:30)为负值，在夜晚(其余时间段)为正值，表示墙体在白天向室外散热，在夜晚吸热。比较两者差值，发现在白天 A 墙体热流密度的绝对值大于 B 墙体的，差值 Δq 最大值为 0.4 W/m^2，夜晚大多数时间 A 墙体热流密度的绝对值小于 B 墙体的，差值 Δq 最大值为 0.2 W/m^2。因此，A 墙体在白天散热强度较高，在夜晚吸热强度较低，说明封闭空气层在夏季对墙体有更好的降温效果。

(6) 实验二结论。

在夏季，将植物活墙的空气层封闭比将其开敞可取得更好的降温效果：空气层日平均温度降低 0.5 ℃、外墙面日平均温度降低 0.7 ℃、内墙面日平均温度无明显变化、室内日平均温度降低 0.1 ℃；使建筑墙面白天散热速度更快、夜晚吸热速度更慢。

封闭的空气层导致空气相对湿度较大，日平均值高于室外空气，而开敞

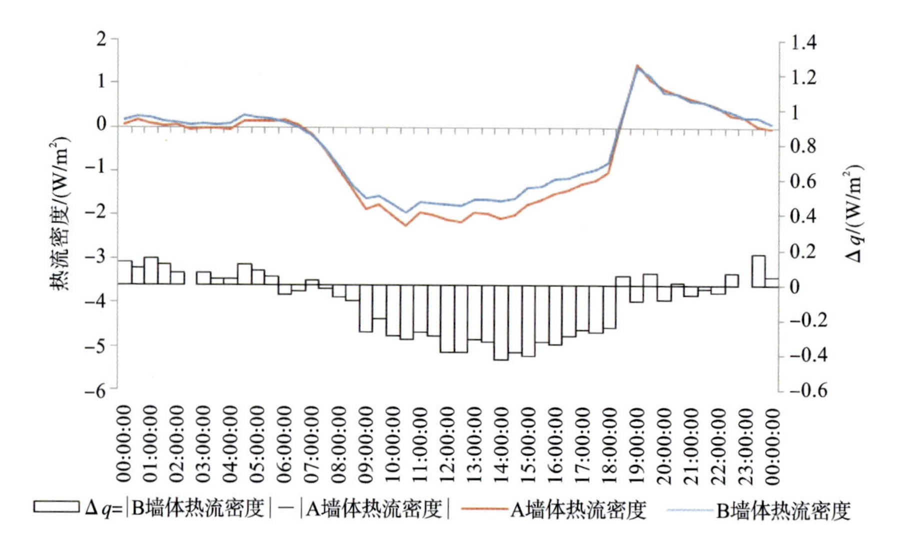

图 6-44　A、B 墙体热流密度对比

空气层的日平均相对湿度低于室外空气。因此在湿度大、建筑墙面防潮处理欠佳时（如旧建筑改造增设植物活墙），可选择开敞空气层的做法。如果为达到更好的降温效果而选择封闭空气层，则应注意加强建筑外墙面的防潮措施。

（三）实验三：植物活墙与建筑墙面间距不同的对比

1．实验三基本状况描述

在夏季，两个实验房均安装植物活墙，但将植物活墙与建筑墙面设置不同的间距，分三组测试植物活墙对建筑墙体降温的效果。实验三示意图如图 6-45 所示。

2．实验结果分析

将三组实验数据中建筑外墙面温度和空气层温度进行对比，如图 6-46 至图 6-51 及表 6-12 所示。

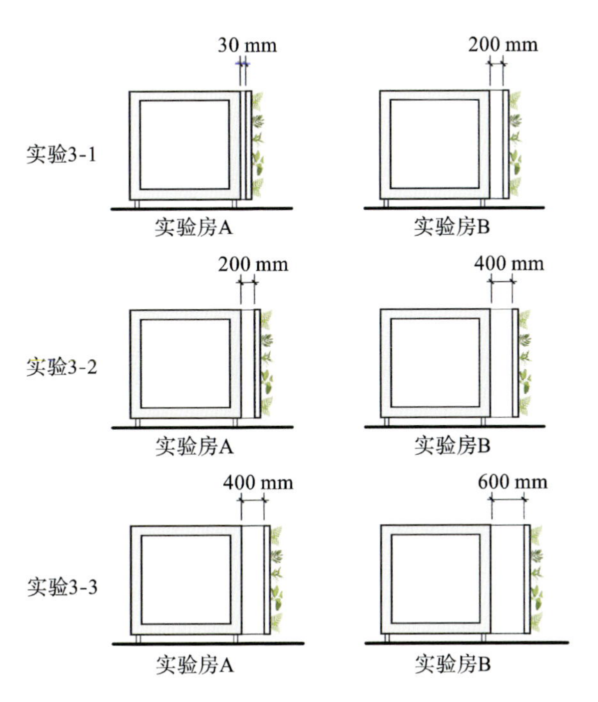

图 6-45　实验三示意图

(1) 建筑外墙面温度比较。

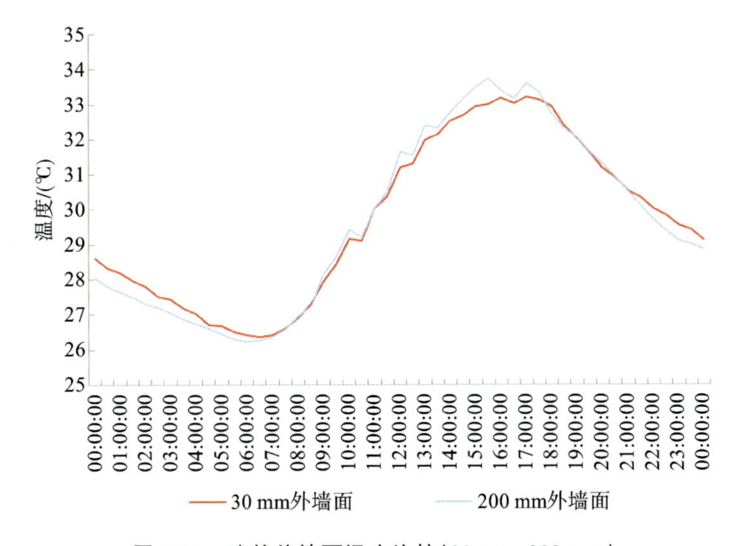

图 6-46　建筑外墙面温度比较(30 mm,200 mm)

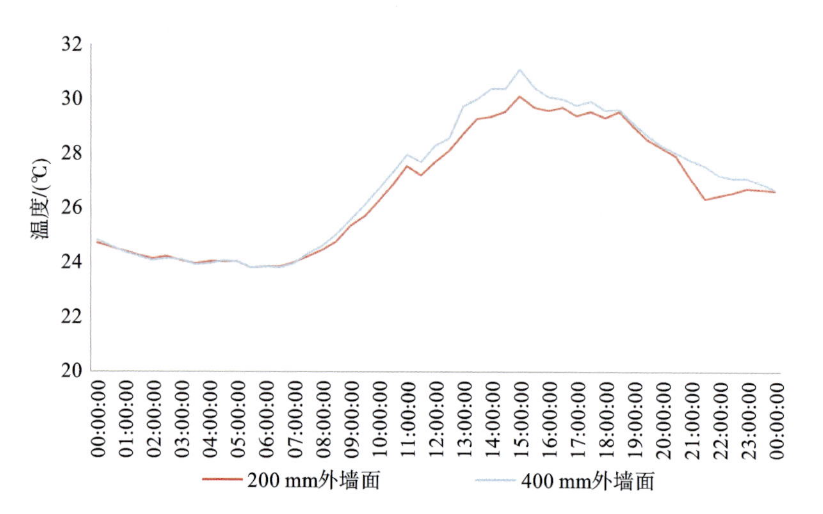

图 6-47 建筑外墙面温度比较(200 mm,400 mm)

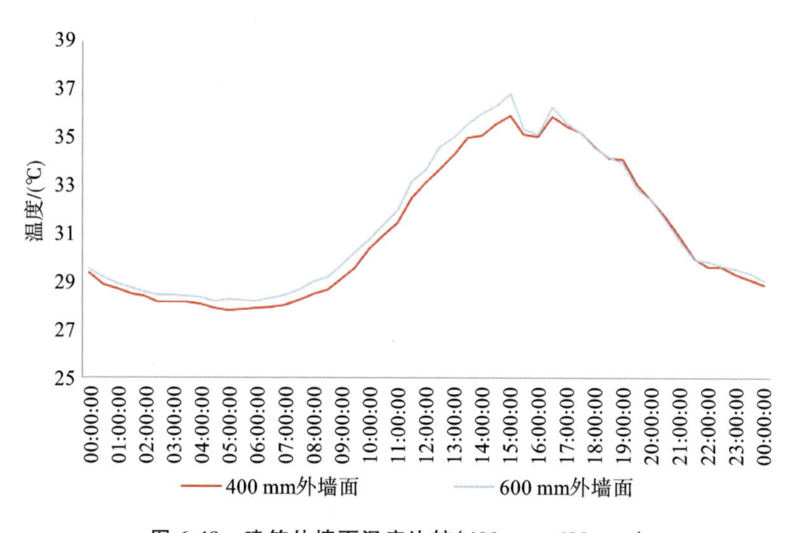

图 6-48 建筑外墙面温度比较(400 mm,600 mm)

（2）空气层温度比较。

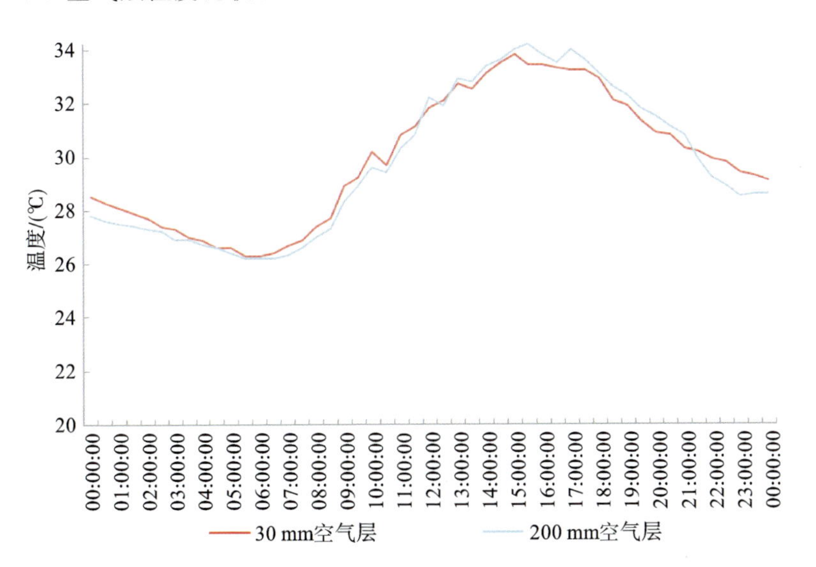

图 6-49　空气层温度比较(30 mm,200 mm)

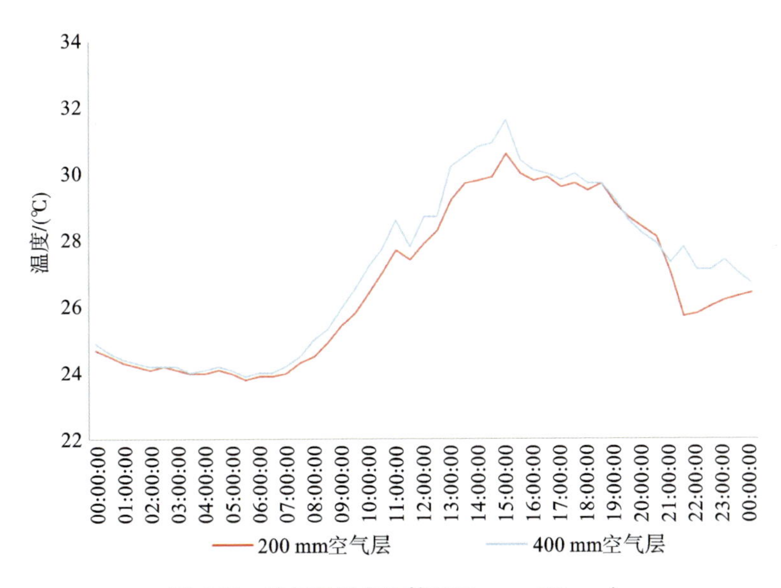

图 6-50　空气层温度比较(200 mm,400 mm)

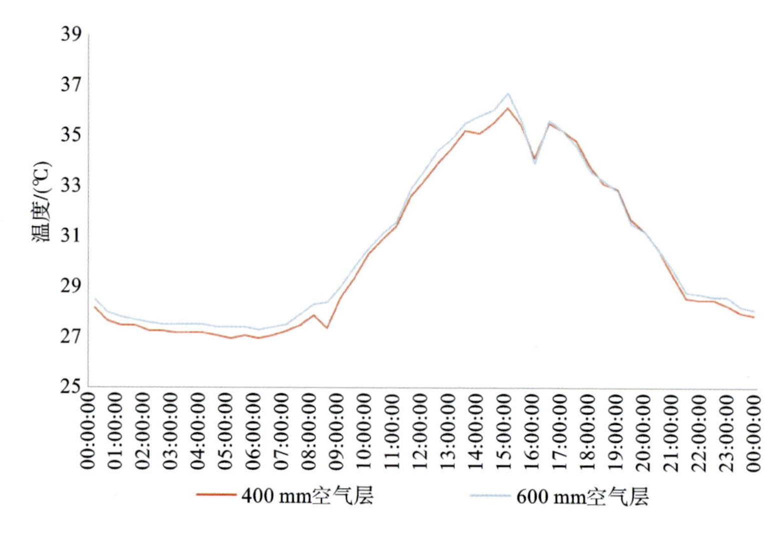

图 6-51　空气层温度比较(400 mm,600 mm)

表 6-12　建筑外墙面、空气层温度对比

	对比实验 3-1		对比实验 3-2		对比实验 3-3	
	30 mm	200 mm	200 mm	400 mm	400 mm	600 mm
空气层最高温度/(℃)	34.0	34.2	30.6	31.6	36.1	36.7
建筑外墙面最高温度/(℃)	33.2	33.7	30.0	31.0	35.9	36.9

(3) 实验三结论。

由以上图表数据可见,三组对比实验结果相似,即间距越小,建筑外墙面、空气层的温度越低。可得出结论:植物活墙与建筑墙面间距的大小影响植物活墙在夏季的降温效果,在 30～600 mm 的范围中,间距越小,植物活墙对建筑外墙面和空气层的降温效果越好。

三、等效热阻计算

本书这里对实验测试的植物活墙进行等效热阻的计算:模块式植物活墙的结构为金属笼,内部用毛毡包裹复合基质,基质厚度为 9 cm;植物活墙与建筑墙体间距为 3 cm;空气层封闭;室内为可人为控制的环境(夏季制冷、冬季采暖);室外环境由于气温和太阳辐射的昼夜变化,可近似地看作每天出现重复性的周期变化,按谐波热作用考虑,即温度随时间的正弦或余弦函数作规则变

化。在这种室内外热环境下，建筑墙体的传热过程为不稳定传热。

(一) 热作用替换

无植物活墙的建筑外墙面受到室外太阳辐射、长波辐射和空气对流共同的热作用。当建筑外墙被植物活墙覆盖后，植物活墙除了受到以上所述的外界作用以外，植物的蒸腾作用、生长基质表面水分蒸发作用以及植物活墙与建筑墙体之间空气层的隔热作用均会影响到达建筑外墙面的热流。

这时若将植物活墙和空气层共同的热作用考虑为一种综合效应，且这种综合效应给建筑外墙面温度带来的影响可由某种材质的保温层提供(图 6-52)，则植物活墙的等效热阻在数值上等于此保温层的热阻。

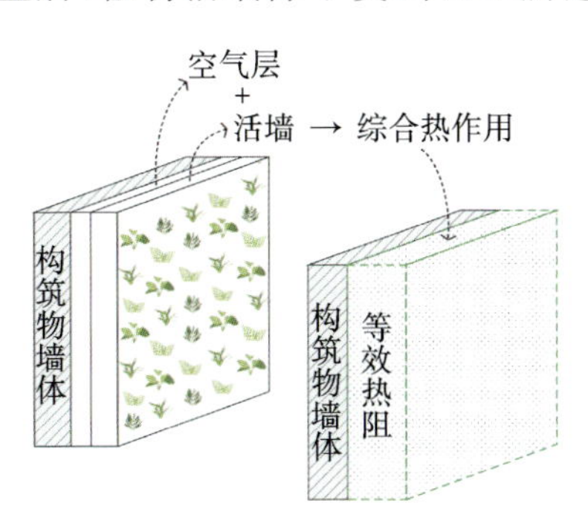

图 6-52　热作用替换

(二) 计算方法

按照建筑墙体在谐波热作用下的传热模型对墙体温度进行计算，反推假想保温层的热阻，则可得植物活墙系统的等效热阻。

1. 谐波热作用下的传热过程

室外气温周期性变化，室内温度恒定，采用单向周期热作用计算模型。此时可将墙体综合传热过程分解成两个单一的过程，如图 6-53 所示。

传热过程 1：在室内平均温度 $\bar{t_i}$ 和室外平均温度 $\bar{t_e}$ 下的稳定传热过程。

传热过程 2：在室外谐波热作用下的周期性传热过程，此时室内气温不变，在内墙面引起的温度波动振幅为 $A_{if,e}$。

对这两个过程分别进行计算后，把结果叠加起来，即可得出内墙面的温度。过程 1 为稳定传热过程，使用稳定传热公式推算多层墙体内任一层的内表面平均温度：

$$\overline{T_x} = \bar{t_i} - \frac{R_i + \sum_{n=1}^{x-1} R_n}{R_0}(\bar{t_i} - \bar{t_e}) \tag{6.2}$$

其中，$\bar{t_i}$、$\bar{t_e}$ 为室内、室外平均温度(℃)；

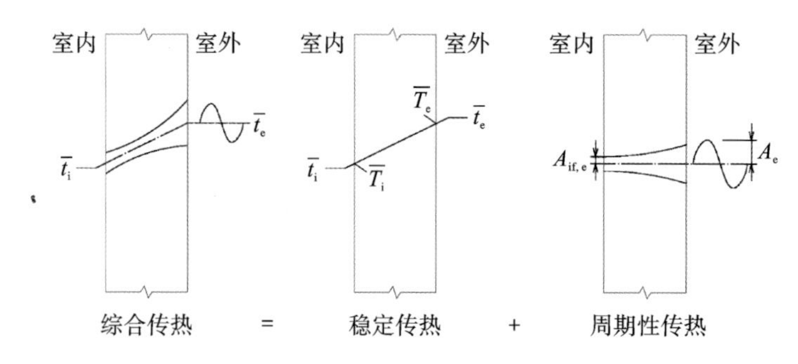

图 6-53　单向谐波热作用传热过程分解

（图片来源：《建筑物理》）

R_0 为墙体总热阻[(m² · K)/W]；

R_i 为内表面换热阻[(m² · K)/W]；

$\sum_{n=1}^{x-1} R_n$ 为第 1 层到第 $x-1$ 层的热阻之和。

2. 计算过程

图 6-54 为用假想保温层替代植物活墙后建设的复合墙体结构示意图。实验房墙体材质为 150 mm 厚双面彩钢保温板（表面为镀锌钢板，内芯为岩棉保温层），各层材料的热阻值见表 6-13，设假想保温层的热阻为 x。

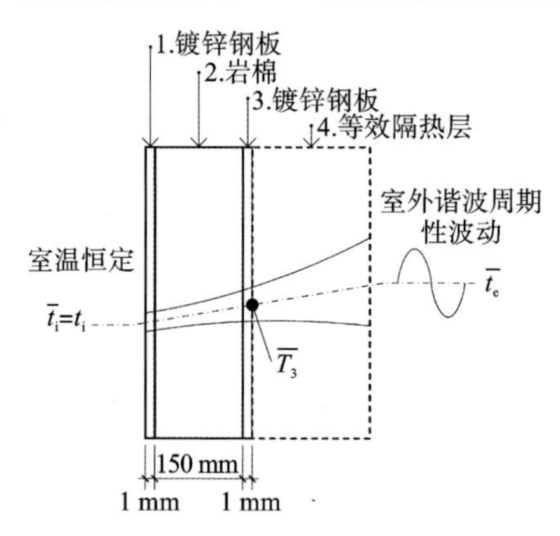

图 6-54　墙体结构

表 6-13　墙体各层材料热阻

序号	材料	热阻/[(m² · K)/W]
1	镀锌钢板	0.00

续表

序号	材料	热阻/[(m² · K)/W]
2	岩棉	3.33
3	镀锌钢板	0.00
4	等效隔热层	x

墙体总热阻 R_0 为各部分热阻和内外表面换热阻之和。由于钢板导热性能高,厚度仅为 1 mm,其热阻忽略不计,内表面换热阻 $R_i=0.11(m^2 \cdot K)/W$,外表面换热阻 $R_e=0.05(m^2 \cdot K)/W$(夏季)、$0.04(m^2 \cdot K)/W$(冬季)。因此墙体总热阻为:

$$R_0=\begin{cases}3.49+x & (\text{夏季})\\ 3.48+x & (\text{冬季})\end{cases}$$

由公式(6.2)得建筑外墙面的平均温度为:

$$\overline{T_3}=\overline{t_i}-\frac{3.44}{3.49+x}(\overline{t_i}-\overline{t_e}) \quad (\text{夏季}) \tag{6.3}$$

$$\overline{T_3}=\overline{t_i}-\frac{3.44}{3.48+x}(\overline{t_i}-\overline{t_e}) \quad (\text{冬季}) \tag{6.4}$$

取本章实验中夏季室内制冷(7 月 26 日—7 月 31 日)和冬季室内采暖(1 月 14 日—1 月 19 日)时的温度数据代入公式(6.3)和公式(6.4),计算结果见表 6-14。

本书所用植物活墙的等效热阻在夏季为 $2.0\sim2.8(m^2 \cdot K)/W$,相当于 84～118 mm 厚的聚苯乙烯泡沫塑料保温板(EPS);在冬季为 $0.3\sim0.4(m^2 \cdot K)/W$,相当于 13～17 mm 厚的聚苯乙烯泡沫塑料保温板。可见植物活墙的保温隔热效果在夏季显著,在冬季则较弱。

表 6-14　温度数据及计算结果

	日期	室外平均气温 $\overline{t_e}$ /(℃)	室内平均气温 $\overline{t_i}$ /(℃)	外墙面平均温度 $\overline{T_3}$ /(℃)	等效热阻 x/[(m² · K)/W]
夏	7-26	35.5	24.4	31.1	2.2
	7-27	34.4	24.3	30.2	2.4
	7-28	34.3	24.4	29.8	2.8
	7-29	37.3	24.5	32.5	2.0
	7-30	30.0	24.3	27.6	2.5
	7-31	36.2	24.4	31.7	2.1

续表

	日期	室外平均气温 $\overline{t_e}$ /(℃)	室内平均气温 $\overline{t_i}$ /(℃)	外墙面平均温度 $\overline{T_3}$ /(℃)	等效热阻 x/[(m² · K)/W]
冬	1-14	7.9	23.4	9.3	0.3
	1-15	7.2	22.4	8.9	0.4
	1-16	5.5	23.4	7.4	0.4
	1-17	4.1	24.4	6.1	0.3
	1-18	4.4	24.1	6.2	0.3
	1-19	7.0	24.0	8.6	0.3

此方法得到的等效热阻在一个变化周期内(24 小时),对建筑墙体平均温度的影响与植物活墙等效,但并不能保证在每个时刻都与植物活墙等效。因此,等效热阻可用来大致了解植物活墙的保温隔热性能。要精确计算植物活墙对建筑围护结构温度的影响,需对植物活墙的热传递过程进行更细致的分析。

本书前文展示了位于夏热冬冷地区的模块式植物活墙的一系列实测实验的过程与结果,并对实验结果进行了讨论和解释,得出以下结论。

(1) 模块式植物活墙在夏季可减小建筑墙体的温度变化幅度,有显著的降温作用,降低外墙面温度最高可达 20.8 ℃。

(2) 模块式植物活墙在冬季可减小墙体的温度变化幅度,对采暖建筑物的围护结构起到明显的保温效果,利于建筑节能。在不采暖的情况下,植物活墙在夜晚的保温效果较好,白天则有一定的消极降温作用。

(3) 植物活墙与建筑之间的空气层是一个“夏凉冬暖”的微气候区,可对墙体起到良好的夏季隔热和冬季保温作用。

(4) 植物活墙背面温度较低,在白天和夜晚的大部分时间都可通过辐射交换吸收建筑外墙面的热量。

(5) 模块式植物活墙在本实验环境下可节约建筑在夏季的制冷能耗约 14%。

(6) 在夏季,模块式植物活墙与建筑墙体之间的空气层在封闭状态下的降温效果优于开敞状态。

（7）在夏季，模块式植物活墙与建筑墙面的距离越小，植物活墙的降温效果越好。

接下来本书作者对植物活墙的等效热阻进行了估算：此植物活墙为模块式结构，金属笼内部用毛毡包裹复合基质，复合基质厚度为 9 cm；植物活墙与建筑墙体间距为 3 cm；空气层封闭，得出以下结论。

（1）夏季，植物活墙的等效热阻为 2.0～2.8(m^2·K)/W，相当于 84～118 mm厚的聚苯乙烯泡沫塑料保温板。

（2）冬季，植物活墙的等效热阻为 0.3～0.4(m^2·K)/W，相当于 13～17 mm厚的聚苯乙烯泡沫塑料保温板。

四、模拟研究

本书这里将对前文实验中所用的植物活墙及其环境进行模拟，并将模拟数据和实验数据进行对比，以检验数值模型的准确性。

（一）模拟对象：植物活墙＋封闭空气层＋建筑墙体

①植物活墙及建筑墙体的朝向为正西。

②植物活墙及建筑墙体的面积为 6.25 m^2(25 个边长 50 cm 的方形种植盒)。

③植物活墙与建筑墙体间距为 0.03 m。

④种植基质厚度为 0.09 m，基质表面由毛毡覆盖，基质暴露面积比例为 10%。

⑤建筑墙体材料为双面彩钢板及 150 mm 岩棉夹芯。

（二）模拟时间

夏季 7 月 26 日至 28 日、冬季 1 月 14 日至 16 日。

（三）参数取值方式

数值模型中用到的参数如何取值是提高模型精确度的关键。本次计算所用参数部分由实验测得，如室外空气温度、相对湿度、风速、气压、空气层风速、植物活墙植物覆盖率、滴灌给水量等；部分由科学文献中提供的公式计算得出，如太阳辐射、大气发射率、植物活墙叶面积指数、叶片辐射吸收率以及叶片气孔蒸汽导率等。

(四) 假设前提

植物活墙数值模型建立在下列假设前提之上。

①植被层的叶子是均匀地分布和定向的。

②植物参数(如叶片吸收率、叶片尺寸、叶面积指数以及气孔蒸汽导率)是恒定的，不随季节变化而改变。

③叶片气孔下的空气是水分饱和的。

④植物冠层的温度假定与单一叶片温度相同。

⑤通过植被层的热流仅考虑发生在水平方向，垂直热流量不考虑。

⑥风速不随高度变化而变化(因绿化墙面通常高度较低)。

(五) 参数设定

实验测试的植物活墙位于中国武汉，设置纬度为 30.62°N，经度为114.13°E。

实验仪器是以地方时为标准记录数据的，而太阳辐射是以真太阳时为基础计算的，故需将两者进行换算，其换算关系为：

$$\mathrm{AST}=\mathrm{LST}+\frac{\mathrm{ET}}{60}+\frac{\mathrm{LON}-\mathrm{LSM}}{15} \tag{6.5}$$

其中，AST 为真太阳时，十进制小时；

LST 为地方时，十进制小时；

ET 为均时差，分钟；

LSM 为本地所属时区的经度，中国时区是东八区，即 LSM=120°；

LON 为本地经度，LON=113°53′29″。

$$\begin{aligned}\mathrm{ET}=2.2918[&0.0075+0.1868\cos(\Gamma)-3.2077\sin(\Gamma)\\&-1.4615\cos(2\Gamma)-4.089\sin(2\Gamma)]\end{aligned} \tag{6.6}$$

$$\Gamma=360^{\circ}\frac{n-1}{365} \tag{6.7}$$

其中，n 为一年中的第几天。由公式(6.5)至公式(6.7)得出本地时间和真太阳时的时差，见表 6-15。

表 6-15　时差计算结果

日期	天数 n	均时差参数 Γ/(°)	均时差 ET	时差 LST－AST
7-26	207	203.18	－6.576	31
7-27	208	204.16	－6.591	31
7-28	209	205.15	－6.596	31
1-14	14	12.822	－8.272	33
1-15	15	13.808	－8.634	33
1-16	16	14.795	－8.986	33

（六）气象条件

（1）太阳数据。

太阳数据包括每个时刻对应的太阳高度角（负值代表夜晚）、太阳方位角、直接太阳辐射、散射太阳辐射、地面反射辐射和垂直面总辐射，由ASHRAE太阳辐射计算模型得出。

由于植物叶片对直接太阳辐射和散射太阳辐射的吸收率不同，故计算叶片吸收的总太阳辐射量时，需分别计算这两部分。ASHRAE太阳辐射计算模型提供了计算直接太阳辐射和散射太阳辐射的方法。本书作者将ASHRAE太阳辐射计算模型的计算值与实验中气象站实测值进行对比，误差在10%以内，因此ASHRAE太阳辐射计算模型的精确度可以满足要求。

（2）室外气温、相对湿度、风速、气压由VantagePRO2气象站测得。

（3）植物活墙空气层内的风速由Sentry ST732风速仪测得。

（4）大气辐射发射率由公式(5.22)和公式(5.23)算出。

大气辐射发射率是无法用仪器测得的参数，故采取前人科学研究提供的经验公式得出，可达到较高的精确度。以上气象参数的取值结果见表6-16。

表 6-16　武汉 2012 年 7 月 26 日至 27 日气象数据

纬度	经度	太阳高度角	太阳方位角	直接太阳辐射	散射太阳辐射	地面反射辐射	垂直面总辐射	室外空气温度	室外相对湿度	气压	室外风速	空气层风速	植物冠层表面风速	大气辐射发射率（晴朗）	大气辐射发射率（多云）
30.62N	114.13E	β	Φ	I_b^0	I_d^0	I_r^0	I_v	T_a	RH_a	P_a	u_a	u_y	u	ε_d	ε_{dc}
地方时	真太阳时	/(°)	/(°)	/(W/m²)	/(W/m²)	/(W/m²)	/(W/m²)	/(℃)	/(%)	/kPa	/(m/s)	/(m/s)	/(m/s)		
8:30	7:59	34.85	−86.05	408	211	58	134.14	34.5	57.2	99.78	1.3	0.15	0.4	0.87	0.90
9:00	8:29	41.34	−88.77	460	237	70	153.62	36.4	51.1	99.78	1.3	0.15	0.4	0.88	0.91
9:30	8:59	47.83	−86.04	502	259	82	170.41	38.3	48.5	99.78	1.3	0.1	0.4	0.89	0.92
10:00	9:29	54.29	−81.54	535	277	92	184.56	40.8	39.9	99.78	1.3	0.1	0.4	0.91	0.93
10:30	9:59	60.66	−75.84	561	291	101	196.12	40.6	39.7	99.77	1.8	0.3	0.5	0.90	0.93
11:00	10:29	66.84	−68.03	580	302	108	205.11	40.2	39.5	99.76	1.8	0.3	0.5	0.90	0.93
11:30	10:59	72.6	−56.03	593	309	114	211.55	38.7	39.1	99.74	1.3	0.1	0.4	0.89	0.92
12:00	11:29	77.3	−35.34	601	304	117	215.45	40.6	37.8	99.72	1.3	0.1	0.4	0.90	0.93
12:30	11:59	79.42	−1.28	603	315	118	216.80	41.3	33.2	99.68	0.9	0.05	0.3	0.91	0.93
13:00	12:29	77.55	33.49	601	314	117	287.13	43.4	27.7	99.66	1.3	0.2	0.4	0.92	0.94
13:30	12:59	72.96	54.99	593	310	114	354.38	40.8	32.9	99.63	1.3	0.2	0.4	0.91	0.93
14:00	13.29	67.24	67.39	581	302	109	412.95	42.6	32.9	99.59	1.3	0.2	0.4	0.92	0.94
14:30	13:59	61.08	75.4	562	292	102	459.78	42.6	31.3	99.56	0.9	0.06	0.3	0.92	0.94
15:00	14:29	54.72	81.21	537	278	93	491.89	42.9	31.6	99.53	0.9	0.06	0.3	0.92	0.94
15:30	14:59	48.26	85.77	504	260	83	506.35	48.7	24	99.51	0.9	0.06	0.3	0.95	0.96

续表

纬度	经度	太阳高度角	太阳方位角	直接太阳辐射	散射太阳辐射	地面反射辐射	垂直面总辐射	室外空气温度	室外相对湿度	气压	室外风速	空气层风速	植物冠层表面风速	大气辐射发射率（晴朗）	大气辐射发射率（多云）
16:00	15:29	41.77	88.78	463	239	71	500.36	38.5	37.5	99.46	0.4	0.01	0.1	0.89	0.92
16:30	15:59	35.28	86.26	412	212	59	471.24	44.6	29.9	99.45	0.9	0.05	0.3	0.93	0.95
17:00	16.29	28.81	82.98	349	182	45	416.61	45.9	26	99.42	0.9	0.05	0.3	0.94	0.95
17:30	16.59	22.39	79.73	271	145	32	334.89	43.6	29.2	99.39	1.3	0.1	0.4	0.92	0.94
18:00	17:29	16.03	76.46	178	103	20	227.26	37.1	41.7	99.39	1.3	0.1	0.4	0.88	0.91
18:30	17:59	9.76	73.11	77	56	9	104.90	38.4	40.7	99.4	0.4	0.06	0.1	0.89	0.92
19:00	18:29	3.61	69.61	6	12	2	12.98	36	45.6	99.42	0.4	0.06	0.1	0.88	0.91
19:30	18:59	—2.41	65.89	0	0	0	0.10	33.4	53.7	99.46	0.4	0.06	0.1	0.86	0.90
20:00	19.29	—8.24	61.87	0	0	0	0.00	32.1	59	99.49	0.4	0.05	0.1	0.86	0.89
20:30	19:59	—13.85	57.48	0	0	0	0.00	31.6	60.7	99.5	0.9	0.07	0.3	0.85	0.89
21:00	20:29	—19.18	52.63	0	0	0	0.00	31.3	64.8	99.52	1.3	0.09	0.4	0.85	0.89
21:30	20:59	—24.15	47.22	0	0	0	0.00	30.9	67.5	99.53	1.3	0.09	0.4	0.85	0.89
22:00	21:29	—28.68	41.15	0	0	0	0.00	30.7	68	99.54	1.3	0.08	0.4	0.85	0.89
22:30	21:59	—32.67	34.36	0	0	0	0.00	30.2	69.9	99.58	1.3	0.08	0.4	0.85	0.88
23:00	22:29	—35.98	26.78	0	0	0	0.00	29.9	70.6	99.57	0.9	0.05	0.3	0.84	0.88
23:30	22:59	—38.48	18.47	0	0	0	0.00	29.6	71.8	99.57	0.9	0.05	0.3	0.84	0.88
0:00	23.29	—40.06	9.56	0	0	0	0.00	29.4	72.8	99.58	0.9	0.04	0.3	0.84	0.88

续表

纬度	经度	太阳高度角	太阳方位角	直接太阳辐射	散射太阳辐射	地面反射辐射	垂直面总辐射	室外空气温度	室外相对湿度	气压	室外风速	空气层风速	植物冠层表面风速	大气辐射发射率（晴朗）	大气辐射发射率（多云）
0:30	23.59	−40.62	0.31	0	0	0	0.00	29	73.1	99.57	0.9	0.04	0.3	0.84	0.88
1:00	0:29	−40.13	−8.95	0	0	0	0.00	28.9	72.3	99.54	0.9	0.04	0.3	0.84	0.88
1:30	0.59	−38.61	−17.89	0	0	0	0.00	28.4	76.4	99.55	0.4	0.02	0.1	0.84	0.88
2:00	1:29	−36.17	−26.25	0	0	0	0.00	28.2	79.5	99.51	1.3	0.08	0.4	0.83	0.88
2:30	1:59	−32.91	−33.87	0	0	0	0.00	28.1	79.5	99.52	1.3	0.08	0.4	0.83	0.88
3:00	2:29	−28.97	−40.72	0	0	0	0.00	27.8	82.7	99.48	1.3	0.08	0.4	0.83	0.87
3:30	2:59	−24.47	−46.84	0	0	0	0.00	27.4	83.9	99.49	1.8	0.09	0.5	0.83	0.87
4:00	3:29	−19.52	−52.29	0	0	0	0.00	27.2	83.4	99.49	0.9	0.05	0.3	0.83	0.87
4:30	3:59	−14.22	−57.18	0	0	0	0.00	26.8	85.3	99.48	1.3	0.09	0.4	0.83	0.87
5:00	4:29	−8.62	−61.59	0	0	0	0.00	26.7	87	99.49	1.3	0.09	0.4	0.83	0.87
5:30	4:59	−2.8	−65.63	0	0	0	0.26	26.7	88.1	99.53	1.3	0.09	0.4	0.83	0.87
6:00	5.29	3.2	−69.37	4	10	1	5.83	26.5	88.7	99.53	0.9	0.05	0.3	0.83	0.87
6:30	5.59	9.35	−72.88	71	53	8	30.43	26.6	88	99.55	1.3	0.09	0.4	0.83	0.87
7:00	6:29	15.61	−76.24	171	100	19	59.34	28.7	77.9	99.55	1.3	0.09	0.4	0.84	0.88
7:30	6:59	21.96	−79.51	265	142	31	86.90	30.1	73.8	99.58	1.3	0.08	0.4	0.85	0.88
8:00	7:29	28.38	−82.76	344	179	45	111.90	33.1	64.5	99.6	1.8	0.09	0.5	0.86	0.90

(七) 墙体组件物理特性

墙体组件物理特性如表 6-17 所示。

表 6-17　墙体组件物理特性

材料	材料厚度 d/m	干密度 ρ/(kg/m³)	导热系数 λ/[W/(m·K)]	比热容 c/[kJ/(kg·K)]	热阻 $R=d/\lambda$/[(m²·K)/W]
彩钢板	0.001	7850.000	58.200	0.480	0.000
岩棉	0.150	100.000	0.045	1.340	3.333
空气层	0.030	1.166	0.045	1.005	0.000
生长基质	0.090	1200	动态	动态	动态

(八) 植物活墙物理特性

1. 植物种类

实验植物活墙如图 6-55 所示。植物活墙植物种类如表 6-18 所示。其中小叶茉莉和吊兰占总面积的 92%,另加少量麦冬、肾蕨和佛甲草点缀。在本次计算中,取小叶茉莉和吊兰的叶片参数进行模拟。

图 6-55　实验植物活墙

(图片来源:作者自摄)

表 6-18 植物活墙植物种类

名称	种类	面积比例/(%)	叶片宽度/cm
小叶茉莉	灌木	60	2
吊兰	草本植物	32	2
麦冬	草本植物	6	0.5
肾蕨	蕨类植物	1	1
佛甲草	多肉植物	1	0.2

2. 叶面积指数($L=2$)

叶面积指数是生态系统的一个重要结构参数,用来反映植物叶面数量、冠层结构变化、植物群落生命活力及其环境效应,为植物冠层表面物质和能量交换的描述提供结构化的定量信息。当前叶面积指数的主要测定方法有直接方法和间接方法两大类,如传统的方格法、描形称重法、仪器测定法、消光系数法、经验公式法、遥感方法、光学仪器法等。

在缺乏适合的仪器和技术的情况下,本书对所用植物活墙的叶面积指数仅进行估算取值。根据"叶面积指数植被稀疏地(如沙漠)小于1,庄稼地为5~7,森林为5~10"[①]和"一个覆盖率良好的植物冠层的叶面积指数大概为3"[②],以及附录C中各种类型植被的叶面积指数实测值,认为植物活墙的植物冠层覆盖良好,但植物高度较小,叶片层数较少,因此取植物活墙的叶面积指数为2。

3. 绿化覆盖率 ϕ

通过网格法计算墙面植物的覆盖率。首先用420个正方形网格划分墙面,将它们按覆盖率分为三类(表6-19),然后将覆盖率在0~100%的橙色网

① Schulze E, Kelliher F M, Korner C, et al. Relationships among maximum stomatal conductance, ecosystem surface conductance, carbon assimilation rate, and plant nitrogen nutrition: A global ecology scaling exercise[J]. Annual Review of Ecology and Systematics, 1994, 25(1): 629-662.

② Campbell G S, Norman J M. An introduction to environmental biophysics[M]. New York: Springer-Verlag New York, Inc., 1998: 250.

格再次使用更小网格划分并计数(图 6-56),最终算得绿化覆盖率为 88.9%。

表 6-19　按覆盖率分类

覆盖率=100%	0<覆盖率<100%	覆盖率=0
绿色 347 个	橙色 53 个	白色 20 个

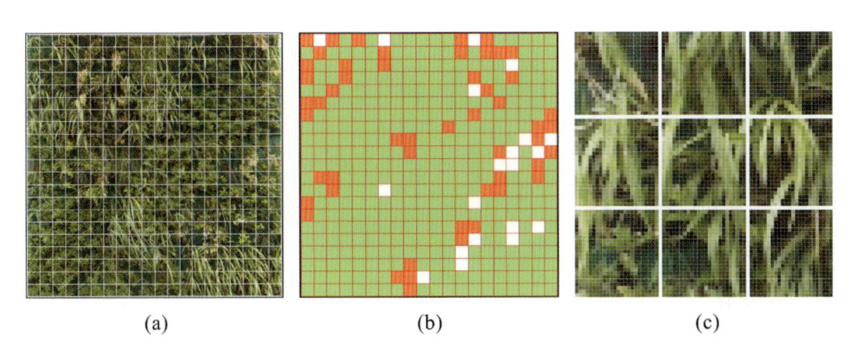

图 6-56　网格法计算绿化覆盖率

(a)网格划分;(b)分类;(c)计数

4. 叶片气孔蒸汽导率

叶片气孔蒸汽导率是无法用仪器测得的参数,故采取其他学科的文献提供的经验公式计算。根据 Campbell 计算叶片气孔蒸汽导率的方法,在计算草本植物叶片气孔蒸汽导率时,可合理设定叶片正反两面的边界层蒸汽导率相同,且向轴导率为 0,离轴导率为 0.5 mmol/(m^2 · s)(参见 *An Introduction to Environmental Biophysics*)。

5. 用水量

灌溉总水管上水表读数为 0.25 m^3/天。

6. 排水量

植物活墙底部托盘量取为 0.15 m^3/天。

(九) 太阳辐射吸收率

1. 植物的太阳辐射吸收率

植物叶片对光谱的吸收率、透射率和反射率根据波长而变化。Gates 根据辐射源各种波长的光照强度在整个光谱中的比重，通过加权法得出不同植物叶片对短波辐射吸收率的平均值在0.5左右。而Campbell认为，植物冠层由于含有多层叶片的相互反射作用，其对短波辐射的吸收率相对于单个叶片大大升高，在计算中应取0.80。故本书计算中，单一叶片对太阳辐射的吸收率取 $\alpha = 0.50$，植物冠层对太阳辐射的吸收率取 $\alpha_d = 0.80$ 。

2. 生长基质外表面的太阳辐射吸收率

植物活墙生长基质为沙和潮湿土壤的混合介质。沙（白色干燥）对太阳辐射的反射率为0.35，潮湿深色土壤对太阳辐射的反射率为0.08，故植物活墙生长基质外表面的太阳辐射反射率取二者平均值 $\rho_s = (0.35 + 0.08)/2 = 0.22$ 。太阳光不被基质反射的部分即被吸收，因此生长基质对太阳辐射的吸收率为 $\alpha_{s,s} = 1 - \rho_s = 0.78$ 。

生长基质表面的毛毡层对太阳辐射的吸收率为0.79，见表6-20。

表6-20　短波、长波辐射吸收率和辐射发射率

	太阳短波辐射		长波辐射
	吸收率	反射率	吸收率/发射率
单一叶片	0.5[a]		0.97[a]
植物冠层	0.8[a]		0.97[a]
生长基质	0.83[a]		0.95[a]
毛毡	0.79[c]	0.21[c]	0.78[d]
彩钢板（建筑外墙面）	0.25[b]		0.95[b]

注：[a]数据来源：*An Introduction to Environmental Biophysics*；

[b]数据来源：2009 *ASHRAE Handbook*：*Fundamentals*；

[c]数据来源：《民用建筑热工设计规范》（GB 50176—2016）。不光滑的浅色和黑色油毡屋面的太阳辐射吸收率为0.72和0.86。植物活墙所用绿色毛毡的吸收率取二者平均值0.79。考虑毛毡组织紧密，不透射阳光，故其反射率=1−0.79=0.21。

五、模拟计算

（一）计算叶片温度

以16:00时刻为例计算叶片温度。由表6-16可知，16:00时室外空气温度为 $T_a=38.5$ ℃，风速 $u_a=0.4$ m/s，气压 $p_a=99.46$ kPa，室外相对湿度为37.5%。从附录A可知，当空气温度为39.5 ℃时，饱和水汽压 $e_s(T_a)=7.382$ kPa，$\Delta=0.394$ kPa/℃，$B=545$ W/m^2，$g_r=0.238$ mol/(m^2 · s)。通过这些数据和表6-16中太阳辐射数据可以计算出：

空气水汽压 $e_a=37.5\%\times e_s(T_a)=2.768$(kPa)；

饱和水汽压与实际水汽压之差 $D=7.382-2.768=4.614$(kPa)；

叶片吸收的辐射 $R_{abs}=1209$ W/m^2，叶片散发的辐射 $\varepsilon_p\sigma T_a^4=524.5$ W/m^2；

饱和水汽摩尔分数 $s=\dfrac{\Delta}{p_a}=\dfrac{0.394}{99.46}=0.00396$ ℃$^{-1}$；

空气的定压比热 $c_p=29.3$ J/(mol · ℃)；

热力干湿表常数 $\gamma=6.66\times10^{-4}$ ℃$^{-1}$；

对叶片宽度为2 cm的植物：

$$g_{Ha}=1.4\times0.135\sqrt{\frac{0.4}{0.7\times0.02}}=1.01[\text{mol}/(\text{m}^2\cdot\text{s})];$$

$$g_{va}=1.4\times0.147\sqrt{\frac{0.4}{0.7\times0.02}}=1.1[\text{mol}/(\text{m}^2\cdot\text{s})];$$

$$g_{Hr}=g_{Ha}+g_r=1.01+0.238=1.248[\text{mol}/(\text{m}^2\cdot\text{s})];$$

$$g_{vs}=0.5\ \text{mol}/(\text{m}^2\cdot\text{s});$$

$$g_v=\frac{0.5\,g_{vs}\,g_{va}}{g_{vs}+g_{va}}=\frac{0.5\times0.5\times1.1}{0.5+1.1}=0.172[\text{mol}/(\text{m}^2\cdot\text{s})];$$

$$\gamma^*=\frac{\gamma g_{Hr}}{g_v}=6.66\times10^{-4}\frac{1.248}{0.172}=0.00483\ (℃^{-1});$$

由公式(5.1)：$T_{leaf}=T_a+\dfrac{\gamma^*}{s+\gamma^*}\left(\dfrac{R_{abs}-\varepsilon_p\sigma T_a^4}{c_p\,g_{Hr}}-\dfrac{D}{p_a\gamma^*}\right)=35.62$ ℃；

其他各时刻的计算方法相同，结果如表6-21所示。

表 6-21　叶片温度计算结果

地方时	太阳辐射量 I_{leaf} /(W/m²)	长波辐射量 L_{leaf} /(W/m²)	饱和蒸汽压 $e_s(T_a)$ /kPa	实际蒸气压 e_a /kPa	饱和蒸汽压差 D /kPa	饱和水汽压力函数 Δ /(kPa/℃)	饱和水汽摩尔分数 s /(1/℃)	辐射传导率 g_r /[mol/(m²·s)]	边界层热导率 g_{Ha} /[mol/(m²·s)]	边界层水汽导率 g_{va} /[mol/(m²·s)]	对流辐射传导率 g_{Hr} /[mol/(m²·s)]	叶片气孔蒸汽导率 g_{vs} /[mol/(m²·s)]	叶片水汽扩散导率 g_v /[mol/(m²·s)]	干湿表常数 r^* /(1/℃)	叶片温度 T_{leaf} /(℃)
8:00	55.951	381.43	4.492	3.1893	1.3027	256	2.5659	0.218	1.162	1.2652	1.38	0.5	0.1792	0.0051	30.62
8:30	67.068	387.04	4.492	3.0546	1.4374	256	2.5656	0.218	0.9875	1.0753	1.2055	0.5	0.1706	0.0047	31.42
9:00	76.809	392.01	4.754	3.1376	1.6164	269	2.6959	0.22	0.9875	1.0753	1.2075	0.5	0.1706	0.0047	32.12
9:30	85.204	399.21	5.03	3.0683	1.9617	283	2.8362	0.222	0.9875	1.0753	1.2095	0.5	0.1706	0.0047	33.12
10:00	92.281	401.39	5.03	2.8671	2.1629	283	2.8362	0.222	0.9875	1.0753	1.2095	0.5	0.1706	0.0047	33.42
10:30	98.061	402.85	5.32	2.9792	2.3408	297	2.9768	0.224	1.162	1.2652	1.386	0.5	0.1792	0.0052	33.61
11:00	102.56	406.52	5.32	2.8196	2.5004	297	2.9771	0.224	1.162	1.2652	1.386	0.5	0.1792	0.0052	34.11
11:30	105.78	408.73	5.32	2.8728	2.4472	297	2.9777	0.224	0.9875	1.0753	1.2115	0.5	0.1706	0.0047	34.41
12:00	107.72	410.95	5.624	2.8682	2.7558	311	3.1187	0.227	0.9875	1.0753	1.2145	0.5	0.1706	0.0047	34.71
12:30	108.4	416.18	5.624	2.8682	2.7558	311	3.12	0.227	0.8216	0.8947	1.0486	0.5	0.1604	0.0044	35.41

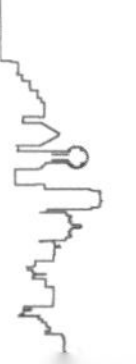

续表

	太阳辐射量	长波辐射量	饱和蒸汽压	实际蒸气压	饱和蒸汽压差	饱和水汽压力函数	饱和水汽摩尔分数	辐射传导率	边界层热导率	边界层水汽导率	对流辐射传导率	叶片气孔蒸汽导率	叶片水汽扩散导率	干湿表常数	叶片温度
13:00	143.57	414.68	5.624	2.6995	2.9245	311	3.1206	0.227	0.9875	1.0753	1.2145	0.5	0.1706	0.0047	35.2[illegible]
13:30	177.19	416.18	5.624	2.6995	2.9245	311	3.1215	0.227	0.9875	1.0753	1.2145	0.5	0.1706	0.0047	35.42
14:00	206.47	416.94	5.943	2.7932	3.1498	327	3.2835	0.229	0.9875	1.0753	1.2165	0.5	0.1706	0.0047	35.52
14:30	229.89	419.2	5.943	2.9121	3.0309	327	3.2845	0.229	0.8216	0.8947	1.0506	0.5	0.1604	0.0044	35.82
15:00	245.94	425.28	6.278	2.8251	3.4529	343	3.4462	0.231	0.8216	0.8947	1.0526	0.5	0.1604	0.0044	36.62
15:30	253.17	417.69	5.943	2.7932	3.1498	327	3.2861	0.229	0.8216	0.8947	1.0506	0.5	0.1604	0.0044	35.62
16:00	250.18	417.69	5.943	2.9715	2.9715	327	3.2878	0.229	0.5478	0.5964	0.7768	0.5	0.136	0.0038	35.62
16:30	235.62	422.23	5.943	2.6944	3.2687	327	3.2881	0.229	0.8216	0.8947	1.0506	0.5	0.1604	0.0044	36.22
17:00	208.31	420.71	5.943	2.7338	3.2092	327	3.2891	0.229	0.8216	0.8947	1.0506	0.5	0.1604	0.0044	36.02
17:30	167.45	413.94	5.624	2.8682	2.7558	311	3.1291	0.227	0.9875	1.0753	1.2145	0.5	0.1706	0.0047	35.12
18:00	113.63	410.21	5.624	3.037	2.587	311	3.1291	0.227	0.9875	1.0753	1.2145	0.5	0.1706	0.0047	34.61
18:30	52.449	410.21	5.624	2.9807	2.6433	311	3.1288	0.227	0.5478	0.5964	0.7748	0.5	0.136	0.0038	34.62
19:00	6.4903	403.58	5.32	2.9792	2.3408	297	2.9873	0.224	0.5478	0.5964	0.7718	0.5	0.136	0.0038	33.72

续表

	太阳辐射量	长波辐射量	饱和蒸汽压	实际蒸气压	饱和蒸汽压差	饱和水汽压力函数	饱和水汽摩尔分数	辐射传导率	边界层热导率	边界层水汽导率	对流辐射传导率	叶片气孔蒸汽导率	叶片水汽扩散导率	干湿表常数	叶片温度
19:30	0.0481	399.21	5.03	2.9677	2.0623	283	2.8454	0.222	0.5478	0.5964	0.7698	0.5	0.136	0.0038	33.12
20:00	0	397.76	5.03	3.018	2.012	283	2.8445	0.222	0.5478	0.5964	0.7698	0.5	0.136	0.0038	32.92
20:30	0	396.32	5.03	3.1689	1.8611	283	2.8442	0.222	0.8216	0.8947	1.0436	0.5	0.1604	0.0043	32.71
21:00	0	394.16	4.754	3.0901	1.6639	269	2.703	0.22	0.9875	1.0753	1.2075	0.5	0.1706	0.0047	32.41
21:30	0	392.73	4.754	3.0901	1.6639	269	2.7027	0.22	0.9875	1.0753	1.2075	0.5	0.1706	0.0047	32.21
22:00	0	389.88	4.754	3.1852	1.5688	269	2.7024	0.22	0.9875	1.0753	1.2075	0.5	0.1706	0.0047	31.81
22:30	0	387.75	4.754	3.2327	1.5213	269	2.7013	0.22	0.9875	1.0753	1.2075	0.5	0.1706	0.0047	31.51
23:00	0	386.34	4.492	3.0546	1.4374	256	2.5711	0.218	0.8216	0.8947	1.0396	0.5	0.1604	0.0043	31.32
23:30	0	384.23	4.492	3.0995	1.3925	256	2.5711	0.218	0.8216	0.8947	1.0396	0.5	0.1604	0.0043	31.02
0:00	0	382.12	4.492	3.1444	1.3476	256	2.5708	0.218	0.8216	0.8947	1.0396	0.5	0.1604	0.0043	30.72
0:30	0	380.73	4.492	3.0995	1.3925	256	2.5711	0.218	0.8216	0.8947	1.0396	0.5	0.1604	0.0043	30.52
1:00	0	378.64	4.242	3.0542	1.1878	244	2.4616	0.216	0.8216	0.8947	1.0376	0.5	0.1604	0.0043	30.22
1:30	0	375.88	4.242	3.1391	1.1029	244	2.451	0.216	0.5478	0.5964	0.7638	0.5	0.136	0.0037	29.82

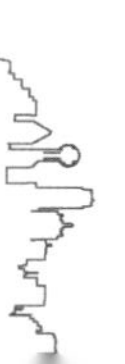

续表

	太阳辐射量	长波辐射量	饱和蒸汽压	实际蒸气压	饱和蒸汽压差	饱和水汽压力函数	饱和水汽摩尔分数	辐射传导率	边界层热导率	边界层水汽导率	对流辐射传导率	叶片气孔蒸汽导率	叶片水汽扩散导率	干湿表常数	叶片温度
2:00	0	375.19	4.242	3.1815	1.0605	244	2.452	0.216	0.9875	1.0753	1.2035	0.5	0.1706	0.0047	29.72
2:30	0	373.13	4.004	3.0831	0.9209	232	2.3312	0.214	0.9875	1.0753	1.2015	0.5	0.1706	0.0047	29.42
3:00	0	371.08	4.004	3.0831	0.9209	232	2.3321	0.214	0.9875	1.0753	1.2015	0.5	0.1706	0.0047	29.12
3:30	0	369.04	4.004	3.1231	0.8809	232	2.3319	0.214	1.162	1.2652	1.376	0.5	0.1792	0.0051	28.82
4:00	0	368.36	4.004	3.1231	0.8809	232	2.3319	0.214	0.8216	0.8947	1.0356	0.5	0.1604	0.0043	28.72
4:30	0	365.66	3.778	3.0224	0.7556	220	2.2115	0.211	0.9875	1.0753	1.1985	0.5	0.1706	0.0047	28.32
5:00	0	364.99	3.778	3.0602	0.7178	220	2.2113	0.211	0.9875	1.0753	1.1985	0.5	0.1706	0.0047	28.22
5:30	0.1321	364.31	3.778	3.0602	0.7178	220	2.2104	0.211	0.9875	1.0753	1.1985	0.5	0.1706	0.0047	28.12
6:00	2.9169	364.31	3.778	3.098	0.68	220	2.2104	0.211	0.8216	0.8947	1.0326	0.5	0.1604	0.0043	28.12
6:30	15:215	366.33	3.778	3.0224	0.7556	220	2.2099	0.211	0.9875	1.0753	1.1985	0.5	0.1706	0.0047	28.42
7:00	29.668	368.36	4.004	3.2032	0.8008	232	2.3305	0.214	0.9875	1.0753	1.2015	0.5	0.1706	0.0047	28.72
7:30	43.448	373.13	4.004	3.0831	0.9209	232	2.3298	0.214	0.9875	1.0753	1.2015	0.5	0.1706	0.0047	29.42
8:00	55.951	377.95	4.242	3.1815	1.0605	244	2.4498	0.216	1.162	1.2652	1.378	0.5	0.1792	0.0051	30.12

(二) 计算植物冠层的光环境

根据植物冠层的叶面积指数、太阳高度角以及太阳辐射数据，用公式(5.4)至公式(5.13)计算植物冠层的消光系数和太阳辐射量，结果如表 6-22 所示。

表 6-22 植物冠层光环境计算结果

	直射光消光系数	散射光消光系数	直射光通过比例	直射光透射比例	散射光透射比例	植物冠层吸收的总太阳辐射
地方时	K_b	K_d	τ_b	τ_{bt}	τ_d	I_{canopy}/(W/m^2)
8:00	0.43	0.66	0.42	0.46	0.39	73.99
8:30	0.50	0.66	0.37	0.41	0.39	92.28
9:00	0.59	0.66	0.31	0.35	0.39	110.22
9:30	0.71	0.66	0.24	0.28	0.39	127.61
10:00	0.86	0.66	0.18	0.21	0.39	144.09
10:30	1.08	0.66	0.12	0.14	0.39	159.12
11:00	1.40	0.66	0.06	0.08	0.39	171.81
11:30	1.89	0.66	0.02	0.03	0.39	181.04
12:00	2.61	0.66	0.01	0.01	0.39	186.10
12:30	3.14	0.66	0.00	0.00	0.39	187.60
13:00	2.66	0.66	0.00	0.01	0.39	243.29
13:30	1.93	0.66	0.02	0.03	0.39	293.60
14:00	1.42	0.66	0.06	0.08	0.39	330.82
14:30	1.10	0.66	0.11	0.14	0.39	351.95
15:00	0.88	0.66	0.17	0.21	0.39	356.78
15:30	0.72	0.66	0.24	0.28	0.39	346.30
16:00	0.60	0.66	0.30	0.34	0.39	321.88
16:30	0.51	0.66	0.36	0.40	0.39	285.04
17:00	0.43	0.66	0.42	0.46	0.39	237.41
17:30	0.38	0.66	0.47	0.51	0.39	180.75

续表

	直射光消光系数	散射光消光系数	直射光通过比例	直射光透射比例	散射光透射比例	植物冠层吸收的总太阳辐射
18:00	0.34	0.66	0.51	0.55	0.39	117.41
18:30	0.31	0.66	0.54	0.58	0.39	53.03
19:00	0.29	0.66	0.55	0.59	0.39	6.92
19:30	0.29	0.66	0.56	5.59	0.39	0.06
20:00	0.30	0.66	0.54	0.58	0.39	0.00
20:30	0.33	0.66	0.52	0.56	0.39	0.00
21:00	0.36	0.66	0.49	0.53	0.39	0.00
21:30	0.39	0.66	0.46	0.50	0.39	0.00
22:00	0.43	0.66	0.42	0.46	0.39	0.00
22:30	0.48	0.66	0.39	0.43	0.39	0.00
23:00	0.52	0.66	0.36	0.40	0.39	0.00
23:30	0.55	0.66	0.33	0.37	0.39	0.00
0:00	0.57	0.66	0.32	0.36	0.39	0.00
0:30	0.58	0.66	0.31	0.35	0.39	0.00
1:00	0.57	0.66	0.32	0.36	0.39	0.00
1:30	0.55	0.66	0.33	0.37	0.39	0.00
2:00	0.52	0.66	0.35	0.40	0.39	0.00
2:30	0.48	0.66	0.38	0.43	0.39	0.00
3:00	0.44	0.66	0.42	0.46	0.39	0.00
3:30	0.40	0.66	0.45	0.49	0.39	0.00
4:00	0.36	0.66	0.49	0.53	0.39	0.00
4:30	0.33	0.66	0.52	0.56	0.39	0.00
5:00	0.31	0.66	0.54	0.58	0.39	0.00
5:30	0.29	0.66	0.56	0.59	0.39	0.16
6:00	0.29	0.66	0.56	0.59	0.39	3.52

续表

	直射光消光系数	散射光消光系数	直射光通过比例	直射光透射比例	散射光透射比例	植物冠层吸收的总太阳辐射
6:30	0.31	0.66	0.54	0.58	0.39	18.51
7:00	0.33	0.66	0.51	0.55	0.39	36.80
7:30	0.38	0.66	0.47	0.51	0.39	55.46

(三)计算基质外表面温度

将已求得的植物冠层太阳辐射量、大气和地面辐射数据以及植物冠层物理参数代入公式(5.33),可求解出基质外表面温度,结果见表6-23。

表 6-23 基质外表面温度计算结果

	植物冠层能量平衡组成项					基质外表面温度
	太阳辐射	长波辐射	对流换热	进入/流出基质表面的热量	蒸腾散热	
地方时	I_{canopy} /(W/m^2)	I_{canopy} /(W/m^2)	C_{canopy} /(W/m^2)	G_0 /(W/m^2)	λE_{canopy} /(W/m^2)	T_s /(℃)
8:00	73.99	−38.09	−0.02	−0.01	35.88	30.65
8:30	92.28	−37.83	−0.02	−0.01	54.43	31.45
9:00	110.22	−37.57	−0.02	−0.01	72.63	32.14
9:30	127.61	−37.15	−0.02	−0.01	90.44	33.14
10:00	144.09	−37.02	−0.02	−0.01	107.06	33.44
10:30	159.12	−36.91	−0.02	−0.01	122.19	33.64
11:00	171.81	−36.69	−0.02	−0.01	135.10	34.14
11:30	181.04	−36.61	−0.01	0.00	144.42	34.43
12:00	186.10	−36.45	−0.01	0.00	149.64	34.74
12:30	187.60	−36.16	−0.01	0.00	151.43	35.43
13:00	243.2	−36.29	−0.01	0.00	206.99	35.22

续表

	植物冠层能量平衡组成项					基质外表面温度
	太阳辐射	长波辐射	对流换热	进入/流出基质表面的热量	蒸腾散热	
13:30	293.60	−36.28	−0.02	−0.01	257.31	35.41
14:00	330.82	−36.26	−0.02	−0.01	294.54	35.50
14:30	351.95	−36.19	−0.02	−0.01	315.75	35.79
15:00	356.78	−35.75	−0.01	0.00	321.02	36.60
15:30	346.30	−36.26	−0.02	−0.01	310.02	35.60
16:00	321.88	−36.31	−0.01	0.00	285.55	35.60
16:30	285.04	−35.88	−0.01	0.00	249.15	36.22
17:00	237.41	−35.91	−0.01	0.00	201.49	36.03
17:30	180.75	−36.27	−0.02	−0.01	144.46	35.14
18:00	117.41	−36.41	−0.01	0.00	80.98	34.66
18:30	53.03	−36.43	−0.01	0.00	16.59	34.66
19:00	6.92	−36.78	−0.01	0.00	−29.87	33.77
19:30	0.06	−37.04	−0.01	0.00	−36.99	33.17
20:00	0.00	−37.13	−0.01	0.00	−37.14	32.97
20:30	0.00	−37.14	−0.01	0.00	−37.15	32.78
21:00	0.00	−37.24	−0.01	0.00	−37.25	32.48
21:30	0.00	−37.32	−0.01	0.00	−37.33	32.28
22:00	0.00	−37.49	−0.01	0.00	−37.50	31.88
22:30	0.00	−37.61	−0.01	0.00	−37.62	31.58
23:00	0.00	−37.73	−0.01	0.00	−37.74	31.37
23:30	0.00	−37.85	−0.01	0.00	−37.86	31.07
0.00	0.00	−37.96	−0.01	0.00	−37.98	30.77
0:30	0.00	−38.03	−0.01	0.00	−38.04	30.57
1:00	0.00	−38.16	−0.01	0.00	−38.17	30.27

续表

	植物冠层能量平衡组成项					基质外表面温度
	太阳辐射	长波辐射	对流换热	进入/流出基质表面的热量	蒸腾散热	
1:30	0.00	−38.38	−0.01	0.00	−38.39	29.86
2:00	0.00	−38.31	−0.02	−0.01	−38.33	29.77
2:30	0.00	−38.43	−0.02	−0.01	−38.45	29.47
3:00	0.00	−38.53	−0.02	−0.01	−38.55	29.17
3:30	0.00	−38.60	−0.02	−0.01	−38.62	28.88
4:00	0.00	−38.70	−0.02	−0.01	−38.72	28.77
4:30	0.00	−38.81	−0.02	−0.01	−38.83	28.37
5:00	0.00	−38.85	−0.02	−0.01	−38.87	28.27
5:30	0.16	−38.88	−0.02	−0.01	−38.74	28.17
6:00	3.52	−38.93	−0.02	−0.01	−35.43	28.16
6:30	18.51	−38.82	−0.02	−0.01	−20.33	28.46
7:00	36.80	−38.76	−0.02	−0.01	−1.98	28.76
7:30	55.46	−38.55	−0.02	−0.01	16.89	29.45
8:00	73.99	−38.30	−0.02	−0.01	35.66	30.15

（四）计算基质热工指标

每 24 小时灌溉水量为 $W_i = 0.15\ m^3$，排水量为 $W_e = 0.05\ m^3$。

通过公式(5.36)、公式(5.37)计算得植物冠层每 30 分钟的蒸腾水量 W_p，结果见表 6-24。

表 6-24　含水量计算结果

地方时	基质表面水蒸发量 W_s /m^3	植物冠层蒸腾水量 W_P /m^3	基质含水体积比例 ϕ_W /(%)
8:00	0.0005	0.0002	0.17657227

续表

	基质表面水蒸发量	植物冠层蒸腾水量	基质含水体积比例
8:30	0.0005	0.0003	0.17640864
9:00	0.0005	0.0004	0.17624801
9:30	0.0005	0.0004	0.17609087
10:00	0.0005	0.0005	0.17594428
10:30	0.0005	0.0006	0.17581072
11:00	0.0005	0.0007	0.17569682
11:30	0.0005	0.0007	0.17561463
12:00	0.0005	0.0007	0.17556851
12:30	0.0005	0.0008	0.17555275
13:00	0.0005	0.0010	0.17506253
13:30	0.0005	0.0013	0.17461854
14:00	0.0005	0.0015	0.17428997
14:30	0.0005	0.0016	0.17410287
15:00	0.0005	0.0016	0.1740564
15:30	0.0005	0.0015	0.17415344
16:00	0.0005	0.0014	0.1743693
16:30	0.0005	0.0012	0.17469054
17:00	0.0005	0.0010	0.17511108
17:30	0.0005	0.0007	0.17561421
18:00	0.0005	0.0004	0.17617435
18:30	0.0005	0.0001	0.17674252
19:00	0.0005	0.0000	0.17688889
19:30	0.0005	0.0000	0.17688889
20:00	0.0005	0.0000	0.17688889
20:30	0.0005	0.0000	0.17688889
21:00	0.0005	0.0000	0.17688889
21:30	0.0005	0.0000	0.17688889

续表

	基质表面水蒸发量	植物冠层蒸腾水量	基质含水体积比例
22:00	0.0005	0.0000	0.17688889
22:30	0.0005	0.0000	0.17688889
23:00	0.0005	0.0000	0.17688889
23:30	0.0005	0.0000	0.17688889
0:00	0.0005	0.0000	0.17688889
0:30	0.0005	0.0000	0.17688889
1:00	0.0005	0.0000	0.17688889
1:30	0.0005	0.0000	0.17688889
2:00	0.0005	0.0000	0.17688889
2:30	0.0005	0.0000	0.17688889
3:00	0.0005	0.0000	0.17688889
3:30	0.0005	0.0000	0.17688889
4:00	0.0005	0.0000	0.17688889
4:30	0.0005	0.0000	0.17688889
5:00	0.0005	0.0000	0.17688889
5:30	0.0005	0.0000	0.17688889
6:00	0.0005	0.0000	0.17688889
6:30	0.0005	0.0000	0.17688889
7:00	0.0005	0.0000	0.17688889
7:30	0.0005	0.0001	0.1767399
8:00	0.0005	0.0002	0.17657422

通过公式(5.38)计算得基质表面每30分钟的蒸发水量为$W_s=0.0005\ m^3$。基质总体积$V_s=0.5625\ m^3$。

含水量$\phi_w=\dfrac{0.15-0.05-0.0005-W_p}{0.5625}$，计算结果见表6-24。可见由于灌溉量较充足，植物活墙基质在24小时中保持约17.6%的含水量。

含水量为17.6%时，生长基质的导热系数为0.58 W/(m·K)，热扩散

率为 0.41 mm^2/s。

(五) 传热方程求解

取时间步长 $\Delta t = 30\ min = 1800\ s$，空间步长 $\Delta x = 0.015\ m$。由于钢板导热系数高，厚度仅为 1 mm，在计算墙体内部传热时可忽略此层材料，故 A 墙(有植物活墙时)的各层材料为岩棉、空气层和植物活墙生长基质；B 墙(无植物活墙时)为单一材料岩棉，见图 6-57。

使用 Excel 经过多次迭代得到数值解。设置最大迭代次数为 10^6 次，最大容许误差值为 10^{-6}，以保证计算的精确性。计算建筑外墙面和内墙面的温度分布，以及内墙面的热流密度，将模型计算值和实验测量值进行对比。

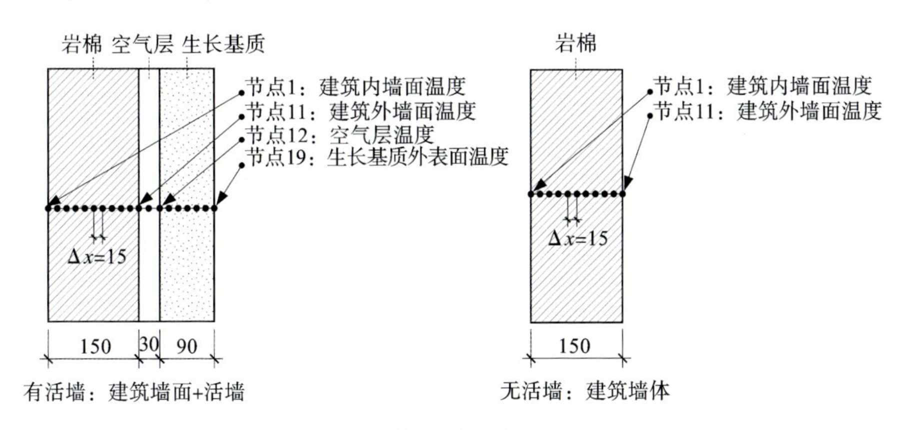

图 6-57　墙体结构模型示意图

图 6-58、图 6-59 分别为夏季和冬季时 A 墙面温度的模型计算值与实验测量值对比；图 6-60、图 6-61 则为 B 墙面温度的模型计算值与实验测量值对比。结果发现计算值与测量值均能较好地吻合。

六、精确性验证

使用均方根误差方法对模拟结果与实测数据之间的误差进行验证。

$$RMSD = \sqrt{\frac{\sum_{t=1}^{n}(\widehat{T_t} - T)^2}{n}} \tag{6.8}$$

其中，RMSD 为均方根误差；

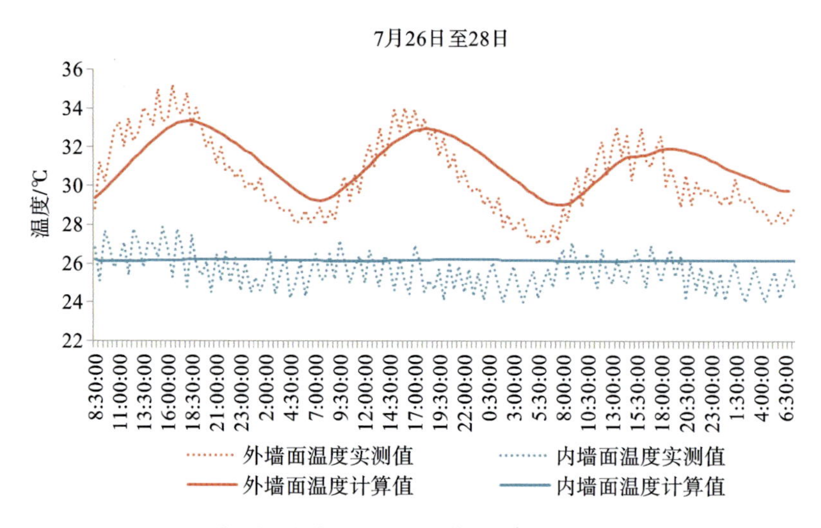

图 6-58　A 墙:内、外墙面温度的计算值与测量值对比——夏季

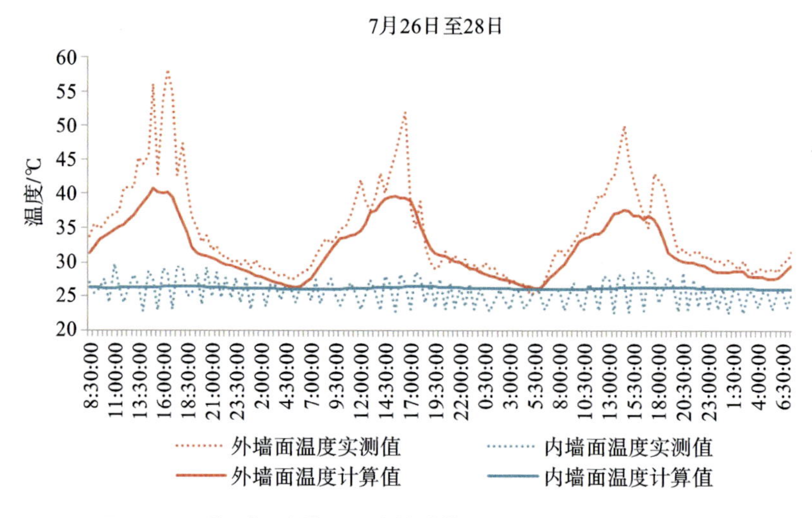

图 6-59　B 墙:内、外墙面温度的计算值与测量值对比——夏季

$\widehat{T_t}$ 为模型计算温度值；

T 为实测温度值；

n 为样本数量。

用公式(6.8)算得此次模拟的均方根误差为 1.34 ℃，相比 Djedjig 模型

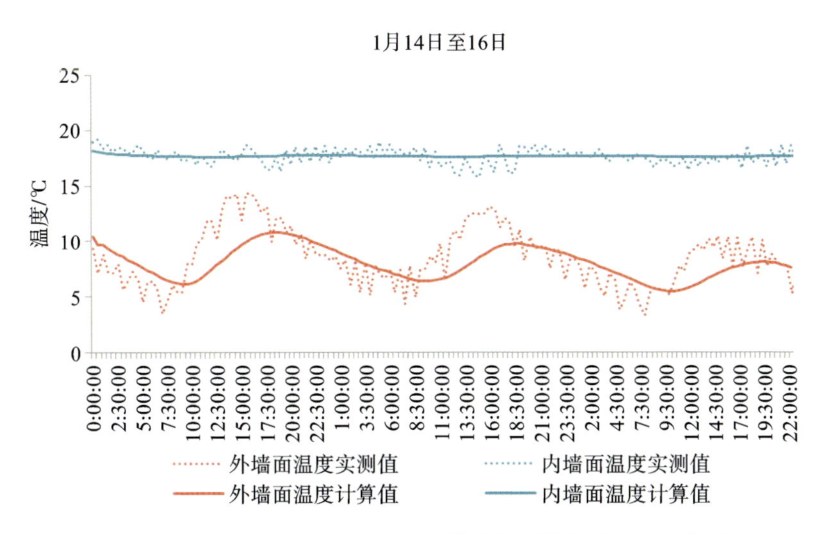

图 6-60　A 墙:内、外墙面温度的计算值与测量值对比——冬季

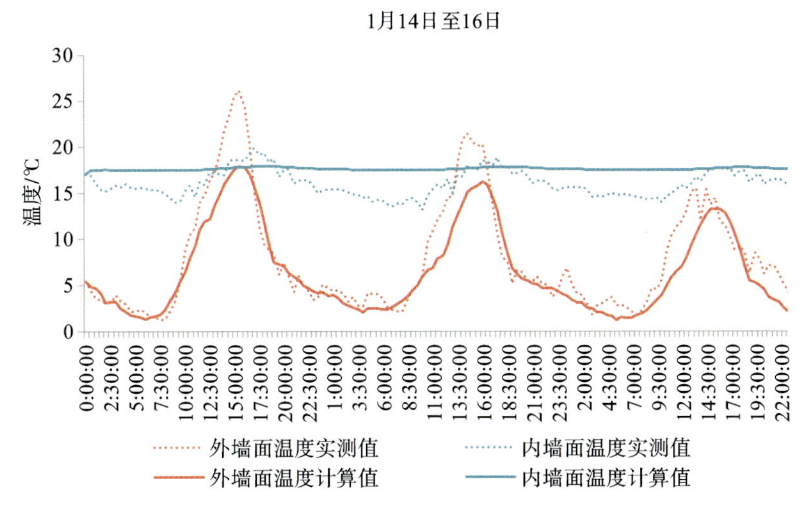

图 6-61　B 墙:内、外墙面温度的计算值与测量值对比——冬季

的均方根误差(1.42 ℃)更小。此模型对植物活墙的传热过程模拟准确性较高,可以用于精确评估植物活墙对建筑墙体的热工影响。

第七章　结　束　语

一、本书总结

（一）关于植物活墙的一般性特点

1. 植物活墙是提高城市绿量率的重要手段

植物活墙可使用丰富多彩的植物，利用城市中大面积的建筑立面进行集约、高效的绿化。现有城市规划体系中绿地率的概念并不能真实反映绿地的生态功能，而绿量率比绿地率更能准确反映植物构成的合理性和生态效应水平。在当今我国城市绿化亟须追求生态效益而又缺乏土地的背景下，应通过增加城市绿量率来提高绿地生态功能水平。植物活墙把绿地从地面延伸到墙面，高效利用了建筑立面面积，且植物活墙的植物生态种类多样，具有显著的生态效益，是提高城市绿量率的重要手段。

2. 植物活墙的出现和发展顺应了现代社会工业化生产模式

植物活墙的生产是典型的工业化装配方式，其出现和发展均因其技术理念顺应了时代的要求。在中国，当代建筑业已经经历了从低成本的人工劳动力到工业化生产的转型。工业化生产体系带来了技术更新，加上近代社会的快速建造需求，促成了传统的攀缘植物绿化方式向植物活墙模块装配式体系的突破。

3. 植物活墙形态可在其原型的基础上进行灵活变化

植物活墙具有灵活多样的构造方法，但都离不开其基本原型。本书研究提炼出植物活墙的原型，并在其基础上进行演变、归纳和总结，得出基于不同的种植空间、生长基质、承重方式、空气层厚度以及灌溉方式的多种植物活墙类型。

4. 关于建立植物活墙的传热模型

本书作者通过对植物活墙受热、传热的理论分析，建立可模拟植物活墙

与建筑墙体传热过程的数值模型，并用此模型对实验中所用植物活墙进行了模拟计算，并将计算结果和实测数据进行对比验证。模拟数值与实测数值吻合较好，模型的平方根误差为 1.34 ℃，证明此模型精度较高。

（二）关于植物活墙的热工性能

1. 在夏热冬冷地区利于建筑节能

在夏热冬冷地区，夏季酷热，冬季严寒，要使建筑空间达到人体舒适度的要求，仅使用被动式技术尚显不足，在如此极端气候下难免使用空调。本书作者通过实验研究了四种情况下植物活墙对建筑墙体的热工影响，得出的结论如下。

（1）夏季，室内不制冷时。

植物活墙在白天对建筑墙体隔热效果明显，可显著降低其温度；在夜晚略微阻碍建筑墙体向室外散热。由于白天的降温作用远强于夜晚阻碍散热的作用，综合全天的热工效果，植物活墙起到了良好的隔热作用。

（2）夏季，室内制冷时。

由于空调的制冷作用，室内温度低于室外温度，植物活墙发挥显著的隔热降温作用，减少墙体传入室内的热量，减少空调冷负荷，降低建筑能耗。

（3）冬季，室内不采暖时。

植物活墙在白天阻碍建筑墙体得热，起到消极的降温作用；在夜晚减少建筑墙体向室外散热，起到积极的保温作用。由于植物活墙在白天阻碍得热与夜晚保温的效果相近，因此在一天中对建筑墙体的保温作用不明显。

（4）冬季，室内采暖时。

由于空调的采暖作用，室内温度高于室外温度，植物活墙在白天和夜晚均起到积极的保温作用，减少建筑墙体向室外流失的热量，减少空调热负荷，使建筑更节能。

2. 植物活墙能调节自身温度，比普通遮阳板更智慧

植物对环境条件的变化反应迅速。叶片可自动调节太阳辐射吸收量及气孔的蒸腾速率，从而减小叶片自身与环境的温差。根据 Gates 的研究，薄型叶片因热容小，与环境的温差为 2～3 ℃。此外，根据实验测试结果，植物活墙背面因其内部有潮湿的种植基质，能保持比建筑外墙更低的温度。而

普通遮阳板在太阳辐射和外界气温的影响下温度必然上升较快，无法做到如同植物活墙般的自我调控。植物活墙是比普通遮阳板更有智慧的生命体。

3. 植物活墙与建筑墙体之间的空气层是夏“凉”冬“暖”的微气候区

实验表明，植物活墙与建筑墙体之间的空气层日平均温度在夏季比室外低（最多低 3.1 ℃），在冬季比室外高（最多高 1.1 ℃），可对建筑墙体起到积极的夏季隔热和冬季保温作用。

4. 植物活墙空气层构造的变化可改变其热工性能

实验改变空气层构造（开敞或封闭、厚度尺寸）后，笔者对植物活墙热工性能的变化进行了对比测试。结果显示，夏季，空气层在封闭状态下的降温效果优于开敞状态；且空气层厚度越小，植物活墙的降温效果越好。此研究结论将植物活墙的空气层构造与其热工性能进行了联系，对植物活墙的优化节能设计有指导意义。

5. 不同朝向的植物活墙对建筑能耗的影响不同

使用植物活墙热工模型对夏热冬冷地区一栋办公建筑进行模拟，比较不同朝向下单位面积植物活墙的节能量，发现南向植物活墙夏冬两季的节能总量最高，北向和东向植物活墙次之，西向植物活墙最低。

二、展望未来

通过实测实验、数据分析和公式推演，初步建立了植物活墙的传热模型，但此模型在未来还有很多优化空间。在后续研究中，笔者计划针对以下三个方面对模型进行优化。

（一）精确性——提高模型的精度，建立参数数据库

由于缺乏专业的测量工具和方法，模型中有部分参数（如植物冠层的叶面积指标、种植基质传热系数等）只能采用根据文献数据得出的合理估计值。今后的研究应对这些参数建立相应的数据库，包括以下几个方面。

（1）使用专业光学仪器测得植物活墙常用植物的叶面积指标。

（2）用实验方法测得植物活墙常用种植基质的物理指标，如热导率、热扩散率、表面水分蒸发速度等。

(二)全面性——对其他类型的植物活墙进行模拟

本书的研究仅对模块式植物活墙进行了实测和模拟。笔者计划对其他类型的植物活墙(如种植毯式植物活墙、与建筑墙面有不同间距的植物活墙)进行模拟计算及实测验证,以便将植物活墙多样的构造与其传热性能联系起来,建立一套植物活墙节能效率评估工具。这套工具将比现有的植物活墙传热模型适用性更广。

(三)兼容性——与建筑节能软件结合

计划对植物活墙节能效率评估工具进行计算机编程,使它可与建筑节能软件兼容使用,提供植物活墙对建筑节能的模拟数据。这可弥补植物活墙无法在绿色建筑评估体系的节能认证中做出贡献的缺陷。

附录A　计算参考数据

空气温度	饱和水汽压	饱和水汽压力函数	辐射传导率
T_a /(℃)	$e_s(T_a)$ /kPa	Δ /(Pa/℃)	g_r /[mol/(m^2·s)]
−5	0.422	32	0.149
−4	0.455	34	0.151
−3	0.490	36	0.153
−2	0.528	39	0.154
−1	0.568	42	0.156
0	0.611	44	0.158
1	0.657	47	0.160
2	0.706	50	0.161
3	0.758	54	0.163
4	0.813	57	0.165
5	0.872	61	0.167
6	0.935	65	0.168
7	1.001	69	0.170
8	1.072	73	0.172
9	1.147	77	0.174
10	1.227	82	0.176
11	1.312	87	0.178
12	1.402	92	0.179
13	1.497	98	0.181
14	1.597	104	0.183

续表

空气温度	饱和水汽压	饱和水汽压力函数	辐射传导率
15	1.704	110	0.185
16	1.817	116	0.187
17	1.936	123	0.189
18	2.062	130	0.191
19	2.196	137	0.193
20	2.336	145	0.195
21	2.485	153	0.197
22	2.642	161	0.199
23	2.808	170	0.201
24	2.982	179	0.203
25	3.166	189	0.205
26	3.360	199	0.207
27	3.564	209	0.209
28	3.778	220	0.211
29	4.004	232	0.214
30	4.242	244	0.216
31	4.492	256	0.218
32	4.754	269	0.220
33	5.030	283	0.222
34	5.320	297	0.224
35	5.624	311	0.227
36	5.943	327	0.229
37	6.278	343	0.231
38	6.629	359	0.233
39	6.996	376	0.235
40	7.382	394	0.238
41	7.785	413	0.240

续表

空气温度	饱和水汽压	饱和水汽压力函数	辐射传导率
42	8.208	432	0.242
43	8.650	452	0.245
44	9.113	473	0.247
45	9.597	495	0.249

（数据来源：*Introduction to Environmental Biophysics*）

附录B 叶面积指数参考数据

生物群落	观察数	平均值	标准差	最小值	最大值
所有种类	878	4.51	2.52	0.002	12.1
森林(北方落叶阔叶)	53	2.58	0.73	0.6	4.0
森林(北方常绿针叶)	86	2.65	1.31	0.48	6.21
农作物(温带和热带)	83	3.62	2.06	0.2	8.7
沙漠	6	1.31	0.85	0.59	2.84
草原(温带和热带)	25	1.71	1.19	0.29	5.0
植栽(阔叶,常绿温带针叶,热带落叶阔叶)	77	8.72	4.32	1.55	18.0
灌木(杜鹃花科或地中海式植被)	5	2.08	1.58	0.4	4.5
湿地(温带和热带)	6	6.34	2.29	2.5	8.4

(数据来源:Brutsaert W. Hydrology-An Introduction[M]. New York:Cambridge University Press,2010:69.)

附录C 符 号 表

英语字母符号	单位	含 义
a	m^2/s	热扩散率
C	%	天空被云层覆盖的比例
d	m	零平面位移
F_d	/	垂直表面与天空的角系数
F_g	/	垂直表面与地面的角系数
F_s	/	垂直表面与球体视野的角系数
g_{Ha}	$mol/(m^2 \cdot s)$	边界层热导率
g_{Hr}	$mol/(m^2 \cdot s)$	辐射导率和边界层热导率之和
g_r	$mol/(m^2 \cdot s)$	辐射导率
g_v	$mol/(m^2 \cdot s)$	蒸汽导率
g_{va}	$mol/(m^2 \cdot s)$	边界层水汽导率
g_{vc}	$mol/(m^2 \cdot s)$	冠层气孔蒸汽导率
g_{vs}	$mol/(m^2 \cdot s)$	叶片气孔蒸汽导率
h	m	植物高度
I	W/m^2	太阳辐射
I_p	W/m^2	到达叶片的太阳辐射
I_s	W/m^2	到达基质外表面的太阳辐射
$I_{s,r}$	W/m^2	基质外表面对太阳辐射的反射
I_t	W/m^2	到达基质外表面的透射太阳辐射
I_v	W/m^2	垂直面上的总太阳辐射
I_b	W/m^2	直接太阳辐射
I_d	W/m^2	散射太阳辐射

续表

英语字母符号	单位	含　　义
I_r	W/m^2	地面反射辐射
K_b	/	植物冠层对直射光的消光系数
K_d	/	植物冠层对散射光的消光系数
L	/	叶面积指数
p_a	KPa	大气压
s	1/℃	饱和水汽摩尔分数
T_d	K	天空的热力学温度
T_g	K	地面的热力学温度
T_l	K	叶片的热力学温度
T_p	K	植物冠层的热力学温度
T_s	K	基质外表面的热力学温度
T_a	K	室外空气的热力学温度
y	°	太阳与辐射表面的相对方位角
z_H	m	热量粗糙长度
z_M	m	动量粗糙长度

希腊字母符号	单位	含　　义
γ	$℃^{-1}$	表现干湿表常数
γ^*	$℃^{-1}$	热力干湿表常数
θ	°	太阳入射角
$\acute{\rho}$	mol/kg	空气摩尔密度
Ψ	°	垂直表面的方位角
λ	J/mol	水的汽化潜热
c_p	J/(mol·℃)、kJ/(kg·K)	空气的定压比热
τ_p	/	太阳光不受叶片拦截的通过比例
τ_{bt}	/	直射光透射比例
τ_d	/	散射光透射比例

续表

希腊字母符号	单位	含　　义
β	°	太阳高度角
Φ	°	太阳方位角
α	%	叶片的太阳辐射吸收率
α_L	/	叶片的长波辐射吸收率
α_d	/	植物冠层的太阳辐射吸收率
φ	%	绿化覆盖率
ε_l	/	叶片辐射发射率
ε_p	/	植物冠层辐射发射率
ε_s	/	基质外表面辐射发射率
ε_d	/	大气辐射发射率
ε_{dc}	/	多云情况下大气辐射发射率
ε_g	/	地面辐射发射率
ε_0	/	植物冠层和基质表面之间的系统辐射发射率
ε_r	/	建筑外墙面和基质背面之间的系统辐射发射率
ρ_g	/	地面对太阳辐射的反射率
ρ_s	/	基质外表面对太阳辐射的反射率

参 考 文 献

[1] Jim C Y. Greenwall classification and critical design-management assessments[J]. Ecological Engineering,2015,77(0):348-362.

[2] Dunnett N,K ingsbury N. Planting green roofs and living walls[M]. Portland:Timber Press,2004.

[3] Behling S,Behling S. 建筑与太阳能:可持续建筑的发展演变[M]. 大连:大连理工大学出版社,2008.

[4] Perlin J. A forest journey:The story of wood and civilization[M]. New York:Countryman Press,2005.

[5] 白寒松. 城市的绿色饥荒[J]. 国土绿化,2000,2(39).

[6] 刘殿芳. 城市的绿色饥荒[J]. 绿化与生活,1999,4(24).

[7] 陈自新,苏雪痕,刘少宗,等. 北京城市园林绿化生态效益的研究[J]. 中国园林,1998,14(1).

[8] Francis R A,Lorimer J. Urban reconciliation ecology:The potential of living roofs and walls[J]. Journal of Environmental Management, 2011,92(6):1429-1437.

[9] Perini K,Ottelé M, Haas E M, et al. Vertical greening systems, a process tree for green façades and living walls[J]. Urban Ecosystems, 2013,16(2):265-277.

[10] 北京市园林绿化局. 北京市垂直绿化建设和养护质量要求及投资测算. 2012.

[11] Riedmiller J,Schneider P. Maintenance-free roof gardens:New urban habitats[J]. Naturwissenschaften,1992,79(12):560.

[12] Brandwein T. Based on practical experience-information on the successful realisation of facade greening[C]. 2. Fbb Symposium

About Facade Greening,2009.
[13] Greater London Authority. Living roofs and walls technical report: Supporting london plan policy[R]. London,2008.
[14] Department of Environment and Primary Industries. The growing green guide: A guide to green roofs, walls and facades in Melbourne and Victoria[R]. State of Victoria,2014.
[15] The U. S. Green Building Council. Leed v4 for building design and construction[R]. 2015.
[16] United States Environmental Protection Agency. Technical guidance on implementing the stormwater runoff requirements for federal projects under section 438 of the energy independence and security act[R]. Washington DC,2009.
[17] Building and Construction Authority. BCA green mark for new buildings(non-residential)[R]. Singapore National Environment Agency,2015.
[18] 中华人民共和国住房和城乡建设部. 绿色建筑评价标准:GB/T 50378-2014[S]. 北京:中国建筑工业出版社,2014.
[19] Susorova I. 5-Green facades and living walls: Vertical vegetation as a construction material to reduce building cooling loads[J]. Eco-efficient materials for mitigating building cooling needs,2015.
[20] Peck S W, Callaghan C, Kuhn M E, et al. Greenbacks from green roofs: Forging a new industry in Canada[R]. Canada Mortgage and Housing Corporation,1999.
[21] Hoyano A. Climatological uses of plants for solar control and the effects on the thermal environment of a building[J]. Energy and Buildings,1988,11(1-3):181-199.
[22] Eumorfopoulou E A, Kontoleon K J. Experimental approach to the contribution of plant-covered walls to the thermal behaviour of building envelopes[J]. Building and Environment, 2009, 44(5):

1024-1038.

[23] Kontolcon K J, Eumorfopoulou E A. The effect of the orientation and proportion of a plant-covered wall layer on the thermal performance of a building zone[J]. Building and Environment, 2010, 45(5): 1287-1303.

[24] Ip K, Lam M, Miller A. Shading performance of a vertical deciduous climbing plant canopy[J]. Building and Environment, 2010, 45(1): 81-88.

[25] Wong N H, Tan A Y K, Tan P Y, et al. Energy simulation of vertical greenery systems [J]. Energy and Buildings, 2009, 41 (12): 1401-1408.

[26] Sunakorn P, Yimprayoon C. Thermal performance of biofacade with natural ventilation in the tropical climate[J]. Procedia Engineering, 2011, 21(0): 34-41.

[27] Nori C, Olivieri F, Grifoni R C, et al. Testing the performance of a green wall system on an experimental building in the summer, in PLEA2013-29th Conference, Sustainable Architecture for a Renewable Future[R]. Germany: Munich, 2015.

[28] Mazzali U, Peron F, Romagnoni P, et al. Experimental investigation on the energy performance of living walls in a temperate climate[J]. Building and Environment, 2013, 64(0): 57-66.

[29] Wong N H, Tan A Y K, Chen Y, et al. Thermal evaluation of vertical greenery systems for building walls [J]. Building and Environment, 2010, 45(3): 663-672.

[30] Perini K, Ottelé M, Fraaij A L A, et al. Vertical greening systems and the effect on air flow and temperature on the building envelope [J]. Building and Environment, 2011, 46(11): 2287-2294.

[31] Cheng C Y, Cheung K K S, Chu L M. Thermal performance of a vegetated cladding system on facade walls [J]. Building and

Environment,2010,45(8):1779-1787.

[32] Olivieri F, Neila F J, Bedoya C. Energy saving and environmental benefits of metal box vegetal facades[M]//Brebbia C A, Jovanovic N, Tiezzi E. Management of natural resources, sustainable development and ecological hazards, Southampton: Wit Press, 2010.

[33] Pérez G, Rincón L, Vila A, et al. Green vertical systems for buildings as passive systems for energy savings[J]. Applied Energy, 2011, 88(12):4854-4859.

[34] Stec W J, van Paassen A H C, Maziarz A. Modelling the double skin façade with plants[J]. Energy and Buildings, 2005, 37(5):419-427.

[35] Wolverton B C, Wolverton J D. Plants and soil microorganisms: Removal of formaldehyde, xylene, and ammonia from the indoor environment[J]. Journal of the Mississippi Academy of Sciences, 1993, 38(2):11-15.

[36] Fernández-Cañeroa R, Urrestarazu L P, Salas A F. Assessment of the cooling potential of an indoor living wall using different substrates in a warm climate[J]. Indoor and Built Environment, 2012, 21(5): 642-650.

[37] Alexandri E, Jones P. Temperature decreases in an urban canyon due to green walls and green roofs in diverse climates[J]. Building and Environment, 2008, 43(4):480-493.

[38] Minke G, Witter G. Haeuser mit gruenem pelz, ein handbuch zur hausbegruenung[M]. Frankfurt: Verlag Dieter Fricke GmbH, 1982.

[39] Givoni B. Man, climate, and nature[M]. 2nd ed. NewYork: Van Nostrand Reinhold, 1976.

[40] Liesecke H J, Krupka B, Brueggemann H. Grundlagen der dachbegruenung, zur planung, ausfuhrung und unterhaltung von extensivbegruenungen und einfachen intensivbegruenungen[M]. Berlin-Hannover: Patzer Verlag, 1989.

[41] Wolverton B C, Douglas W L, Bounds K. A study of interior landscape plants for indoor air pollution abatement: An interim report[R]. National Aeronautics and Space Administration(NASA): 1989.

[42] Wolverton B C. How to grow fresh air[M]. New York: Penguin Books, 1996.

[43] Vietmeyer N. Plants that eat pollution[J]. National Wildlife, 1985, 23(5): 10-11.

[44] Johnston J, Newton J. Building green, a guide for using plants on roofs, walls and pavements[M]. London: The London Ecology Unit, 1996.

[45] Wang Z, Zhang J S. Characterization and performance evaluation of a full-scale activated carbon-based dynamic botanical air filtration system for improving indoor air quality [J]. Building and Environment, 2011, 46(3): 758-768.

[46] McPherson E G, Herrington L P, Heisler G M. Impacts of vegetation on residential heating and cooling[J]. Energy and Buildings, 1988, 12 (1): 41-51.

[47] Holm D. Thermal improvement by means of leaf cover on external walls — a simulation model[J]. Energy and Buildings, 1989, 14(1): 19-30.

[48] Bass B. Green roofs and green walls: Potential energy savings in the winter[R]. Adaptation & Impacts Research Division, Environment Canada at the University of Toronto, Centre for Environment: 2007.

[49] Takakura T, Kitade S, Goto E. Cooling effect of greenery cover over a building[J]. Energy and Buildings, 2000, 31(1): 1-6.

[50] Susorova I, Angulo M, Bahrami P, et al. A model of vegetated exterior facades for evaluation of wall thermal performance [J]. Building and Environment, 2013, 67(0): 1-13.

[51] Jim C Y, He H. Estimating heat flux transmission of vertical greenery ecosystem [J]. Ecological Engineering, 2011, 37 (8): 1112-1122.

[52] Djedjig R, Bozonnet E, Belarbi R. Analysis of thermal effects of vegetated envelopes: Integration of a validated model in a building energy simulation program[J]. Energy and Buildings, 2015, 86(0): 93-103.

[53] Malys L, Musy M, Inard C. A hydrothermal model to assess the impact of green walls on urban microclimate and building energy consumption[J]. Building and Environment, 2014, 73(0): 187-197.

[54] Scarpa M, Mazzali U, Peron F. Modeling the energy performance of living walls: Validation against field measurements in temperate climate[J]. Energy and Buildings, 2014, 79(0): 155-163.

[55] Olivieri F, Redondas D, Olivieri L, et al. Experimental characterization and implementation of an integrated autoregressive model to predict the thermal performance of vegetal façades[J]. Energy and Buildings, 2014, 72(0): 309-321.

[56] Sailor D J. A green roof model for building energy simulation programs[J]. Energy and Buildings, 2008, 40(8): 1466-1478.

[57] 李鹏宇，郭逸凡，李毅. 现代墙面绿化技术存在的问题及对策[J]. 浙江农业科学，2014，(4)：519-523.

[58] 林静，王立璞. 华南地区建筑屋顶绿化和垂直绿化技术应用研究[J]. 中国建筑防水，2014，(19)：28-32.

[59] 蹇婕，罗刚. 垂直绿化在深圳国际低碳城会展中心外立面的应用[J]. 建筑经济，2014，(2)：105-109.

[60] 刘燕新，方文，马立辉，等. 重庆市景天科植物资源调查及其垂直绿化优势[J]. 林业调查规划，2013，(6)：124-128.

[61] 洪蕾洁，彭慧，杨学军. 缓解热岛效应的居住区环境绿化探讨[J]. 住宅科技，2010，(3)：10-13.

[62] 寇盼盼，狄育慧，赵阳，等．建筑垂直绿化在西北应用现状分析[J]．低温建筑技术，2015，(4)：24-26.

[63] 郭斌．城市垂直绿化植物的应用现状与发展趋势[J]．中国商界(下半月)，2010，(6)：392.

[64] 王雪，任吉君，梁朝信．城市垂直绿化现状及发展对策[J]．北方园艺，2006，(6)：104-105.

[65] 宫伟，韩辉，刘晓东，等．哈尔滨市垂直绿化植物降温增湿效应研究[J]．国土与自然资源研究，2009，(4)：69-70.

[66] 吴菲，李树华，刘剑．不同绿量的园林绿地对温湿度变化影响的研究[J]．中国园林，2006，(7)：56-60.

[67] 刘学祥．绿化模块在垂直绿化中的综合应用[J]．上海农业科技，2010，(3)：111-112+114.

[68] 龙文志．植被绿色幕墙——墙体垂直绿化的发展与展望[J]．建筑技术，2013，(10)：925-932.

[69] 张成业，胡振宇，周立．超高层建筑垂直绿化研究[J]．城市建筑，2013，(24)：224-225.

[70] 张希晨．垂直农业景观绿化实用性及其实现方法的研究[J]．科技创新与应用，2015，(21)：283.

[71] 杜克勤，刘步军，吴昊．不同绿化树种温湿度效应的研究[J]．农业环境保护，1997，(6)：27-29.

[72] 张迎辉，姜成平，赵文飞，等．城市垂直绿化植物爬山虎的生态效应[J]．浙江农林大学学报，2006，(6)：669-672.

[73] 杨学军，孙振元，韩蕾，等．五叶地锦在立体绿化中的降温增湿作用[J]．城市环境与城市生态，2007，(6)：1-4.

[74] 秦俊，王丽勉，胡永红．不同垂直绿化方式改善夏季小气候的研究[J]．北方园艺，2006，(4)：144-145.

[75] 吴艳艳．深圳市垂直绿化增湿降温效应研究[J]．现代农业科技，2010，(13)：215-217.

[76] 陈祥，张晓艳．佛甲草墙面绿化的降温增湿效应研究[J]．安徽农业科

学,2008,(28):12163-12164+12173.

[77] 郭甜,梁冰,赵惠恩.墙面绿化研究进展[J].广东农业科学,2012,(23):42-45.

[78] 刘凌,刘加平.建筑垂直绿化生态效应研究[J].建筑科学,2009,(10):81-84.

[79] 李有,施琪.住宅侧墙绿化的降温增湿效应研究[J].气象与环境科学,2007,(1):21-23.

[80] 刘光立,陈其兵.成都市四种垂直绿化植物生态学效应研究[J].西华师范大学学报(自然科学版),2004,(3):259-262.

[81] 黎国健,丁少江,周旭平.华南 12 种垂直绿化植物的生态效应[J].华南农业大学学报,2008,(2):11-15.

[82] Kaplan,A. The conduct of inquiry: Methodology for behavioral science[M]. Scranton,Pennsylvania:Chandler Publishing Co,1964.

[83] Wang D, Groat L N. Architectural research methods [M]. New York:Wiley Press,2013.

[84] Mertens D M. Research methods in education and psychology: Integrating diversity with quantitative & qualitative approaches [M]. Thousand Oaks,Calif:Sage Publications,1998.

[85] 罗西.城市建筑学[M].黄士钧,译.北京:中国建筑工业出版社,2006.

[86] 胡永红.城市立体绿化的回顾与展望[J].园林,2008,(3):12-15.

[87] Volkman N, Osmundson T. Roof gardens: History, design, and construction[J]. Apt Bulletin,2002,33.

[88] Goode P, Lancaster M. The oxford companion to gardens [M]. Oxford and New York:Oxford University Press,1986.

[89] Titova N. Rooftop gardens [J]. Science in the USSR, 1990, (5): 20-25.

[90] Jashemski W F. The gardens of Pompeii:Herculaneum and the villas destroyed by Vesuvius[J]. The Journal of Garden History,1992,2(12):102-125.

[91] Farrar L. Gardens of Italy and the western provinces of the Roman Empire: from the 4th century BC to the 4th century AD[J]. American Journal of Archaeology,1999,2(103):388.

[92] Pieper J. The nature of hanging gardens[J]. Daidalos, 1987, 23: 94-109.

[93] Donnelly M C. Architecture in the scandinavian countries[M]. Cambridge,MA:The MIT Press,1992.

[94] Hill T. The gardener's labyrinth: The first english book on gardening[M]. New York:Oxford University Press,1987.

[95] Pliny D. Natural history[M]. Venice:Nicolas Jensen,1576.

[96] Lambertini A. Vertical gardens: Bringing the city to life[M]. London,the United Kingdom:Thames & Hudson,2007.

[97] White S H. Vegetation-bearing architectonic structure and system [P]. United States Patent Office,1938.

[98] Macpherson W M. Vegetation bearing cellular structure and system [P]. United States Patent Office,1938.

[99] Gates E H. Vegetation-bearing display surface and system[P]. United States Patent Office,1942.

[100] Greater London Authority. The London plan: spatial development strategy for Greater London; consolidated with alterations since 2004[R]. London,2008.

[101] UK Green Building Council. Demystifying green infrastructure[R]. London,2015.

[102] Pauli M. Solar leaf——the world's first bioreactive facade,in living walls and ecosystem services[R]. University of Greenwich,2015.

[103] Koehler M. Green facades——a view back and some visions[J]. Urban Ecosystems,2008,11(4):423-436.

[104] 杨麒,朱一.垂直绿化发展趋势探析[J].数位时尚:新视觉艺术,2013:52-57.

[105] 乔国栋,丁学军,庞炳根.上海世博主题馆生态墙垂直绿化[J].建设科技,2010:49-51.

[106] Fjeld T,Veiersted B,Sandvik L,et al. The effect of indoor foliage plants on health and discomfort symptoms among office workers [J]. Indoor & Built Environment,1998,7(4):204-209.

[107] Darlington A,Dixon M A,Pilger C. The use of biofilters to improve indoor air quality: The removal of toluene, tce and formaldehyde [J]. Life Support and Biospheric Science,1998,5:63-69.

[108] Kimpton B. Madeira drive green wall——two centuries in the life of a green wall on brighton seafront[C]. International green wall conference,Staffordshire university,UK,2014.

[109] Blanc,P. The vertical garden :From nature to the city[M]. New York:W. W. Norton & Company,2008.

[110] 张宝鑫.城市立体绿化[M].北京:中国林业出版社,2004.

[111] 畦海波.住宅的立体绿化研究[J].铁道标准设计,1999,5:77-78.

[112] 刘光卫,刘映芳.城市空间立体绿化模式初探[J].现代城市研究,2000,6:33.

[113] Burras J K E. Manual of climbers and wall plants[M]. Portland, OR. :Timber Press,1984.

[114] 刘加平.建筑物理[M].北京:中国建筑工业出版社,2009.

[115] Lambers H,Chapin Ⅲ F S,Pons T L. Plant physiological ecology [M]. New York:Springer Sciencet Business Media,LLC,2008.

[116] Campbell G S, Norman J M. An introduction to environmental biophysics[M]. New York:Springer-Verlag,1998.

[117] Gates D M. Biophysical ecology [M]. New York: Springer-Verlag,1980.

[118] Akhmanov S A, Nikitin S Y. Physical optics [M]. Oxford: Clarendon Press,1997.

[119] ASHRAE. 2009 ashrae handbook:Fundamentals[M]. Atlanta,GA:

American Society of Heating, Refrigerating and Air-Conditioning Engineers, Inc. , 2009.

[120] Brutsaert W. Evaporation into the atmosphere: Theory, history and applications[M]. Berlin: Springer Netherlands, 1984.

[121] Monteith J L, Unsworth M H. Principles of environmental physics [M]. 2nd ed. London: Edward Arnold, 1990.

[122] Nobel P S. Biophysical plant physiology and ecology [M]. San Francisco: W. H. Freeman and Co. , 1983.

[123] Monteith J L. Evaporation and environment, in 19th Symposia of the Society for Experimental Biology [C]. London: Cambridge University Press, 1965.

[124] 刘绍民，孙中平，李小文，等. 蒸散量测定与估算方法的对比研究[J]. 自然资源学报，2003，18(2)：161-167.

[125] Brutsaert W. Hydrology——an introduction [M]. London: Cambridge University Press, 2010.

[126] Kasahara A, Washington W M. General circulation experiments with a six-layer NACR model, including orography, cloudiness and surface temperature calculation [J]. Journal of the Atmospheric Sciences, 1971, 28: 657-701.

[127] Becker B R, Misra A, Fricke B A. Development of correlations for soil thermal-conductivity[J]. International Communications in Heat and Mass Transfer, 1992, 19(1): 59-68.

[128] 杨世铭. 传热学[M]. 北京：高等教育出版社，1998.

[129] Modest M F. Radiative heat transfer[M]. Salt Lake City: Academic Press, 2003.

[130] 谭一波，赵仲辉. 叶面积指数的主要测定方法[J]. 林业调查规划，2008，33(3)：45-48.

[131] Schulze E, Kelliher F M, Korner C, et al. Relationships among maximum stomatal conductance, ecosystem surface conductance,

carbon assimilation rate, and plant nitrogen nutrition: A global ecology scaling exercise [J]. Annual Review of Ecology and Systematics,1994,25(1):629-662.
[132] 中华人民共和国住房和城乡建设部. 民用建筑热工设计规范:GB 50176—2016[S]. 北京:中国建筑工业出版社,2016.
[133] Zhang H,Hu T L,Zhang J C. Surface emissivity of fabric in the 8-14 μm waveband[J]. The Journal of The Textile Institute,2009,100(1):90-94.
[134] Gates D M. Sensing biological environments with a portable radiation thermometer[J]. Applied Optics,1968,9(7):1803-1809.